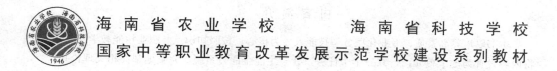

海南省农业学校　海南省科技学校
国家中等职业教育改革发展示范学校建设系列教材

海南观光农庄酒水
知识与服务

王　许　主　编

陈丽娜　副主编

U0316870

中国铁道出版社有限公司
CHINA RAILWAY PUBLISHING HOUSE CO., LTD.

内 容 简 介

本书以培养高素质、专业化服务型技能人才为核心，按照知识点及职业技能教学需要，将内容设置为七个单元，一共三十个任务，让学生能全面、系统、完整地掌握相关理论知识及操作技能。主要包括初识酒水、软饮料的识别与冲兑、调制不同鸡尾酒等内容。

本书适合作为中等职业学校农业与旅游专业学生的教材。

图书在版编目（CIP）数据

海南观光农庄酒水知识与服务 / 王许主编. — 北京：
中国铁道出版社，2014.8（2021.1重印）
国家中等职业教育改革发展示范学校建设系列教材
ISBN 978-7-113-18820-7

Ⅰ.①海… Ⅱ.①王… Ⅲ.①酒—基本知识—中等专业学校—教材 ②酒吧—商业服务—中等专业学校—教材
Ⅳ.①TS971②F719.3

中国版本图书馆CIP数据核字(2014)第136574号

书　　名：**海南观光农庄酒水知识与服务**
作　　者：王　许

策　　划：陈　文
责任编辑：李中宝
编辑助理：雷晓玲
封面设计：刘　颖
责任校对：王　杰
责任印制：樊启鹏

出版发行：中国铁道出版社有限公司（100054，北京市西城区右安门西街 8 号）
网　　址：http://www.tdpress.com/51eds/
印　　刷：北京柏力行彩印有限公司
版　　次：2014 年 8 月第 1 版　　2021 年 1 月第 4 次印刷
开　　本：787 mm×1 092 mm　1/16　印张：6　字数：137 千
书　　号：ISBN 978-7-113-18820-7
定　　价：20.00 元

海 南 省 农 业 学 校　海 南 省 科 技 学 校

国家中等职业教育改革发展示范学校建设系列教材

前 言

　　随着经济的快速发展，人们对高品质的餐饮、酒水服务需求日益旺盛。为响应国家大力发展职业教育、培养高素质职业化人才的要求，更好地满足酒店、餐饮、娱乐行业对高技能服务型专业人才的需要，需培养更多高素质、专业化、服务型的人才。本书内容的编写结合了教学实际和行业发展需要，通过与酒店、餐饮、娱乐业等专业管理人员沟通交流，在满足教学需要的基础上，从实际使用出发，借鉴相关研究成果，理论联系实际。

　　本书是一本为培养掌握一定酒水知识和酒水服务的专业人才而编写的教材，主要教学对象是中等职业学校的学生及相关专业从业人员。本书内容丰富，概念准确，深入浅出，通俗易懂，实用性强。紧密联系酒水服务实际工作需要，通过大量的操作指导，较为系统地介绍了酒水的基本理论知识和酒水调制的方法。

　　本书由海南省农业学校的王许任主编，陈丽娜任副主编，在编写过程中得到了学校领导的大力支持与帮助，在此表示感谢。

　　由于时间紧促，加之编者水平有限，书中难免存在疏漏和不足之处，敬请读者批评指正。

编 者

2014 年 4 月

前言

编者
2014年4月

CONTENTS 目 录

目 录 CONTENTS

单元一
初识酒水

　　饮料与酒，在人类文化历史上，作为一种客观存在的物质，它不仅仅是作为客观物质存在，更是一种文化象征。饮料，能解渴，它的存在是生活中美丽的衔接；酒，炽热如火、冷酷如冰，它的存在可以让人超脱旷达，也可以让人肆无忌惮。

任务一　初识饮料分类

学习目标

• 认识饮料的分类，学会区分含醇与无醇饮料。

• 认识软饮料，学会分辨各类饮料。

一、饮料的分类

饮料（Beverage）根据是否含有酒精分为含醇饮料和无醇饮料。

（一）含醇饮料（Alcoholic Drinks）

含醇饮料也被称为酒精性饮料。

含醇饮料通常是指乙醇（酒精）含量在 0.5%（vol）以上且具有一定兴奋、刺激性的饮料，包括生活中常见的发酵酒、蒸馏酒及配制酒等，如白酒、黄酒、啤酒等。

（二）无醇饮料（Non-alcoholic Drinks）

无醇饮料也被称为非酒精性饮料或软饮料。

无醇饮料（Soft drink）常指不含有酒精或其酒精含量低于 0.5%（vol）的或天然、或人工的，具有解渴、清凉、补充维生素或能量的饮料或功能性饮料，如雪碧、可乐、矿泉水等。

二、软饮料的分类

软饮料根据其原材料的选择、加工方式、功能等可分为碳酸饮料、乳饮料、功能性饮料、便携式包装饮用水、果蔬类饮料、茶饮料和咖啡。

（一）碳酸饮料

碳酸饮料是饮料中含有二氧化碳的汽水型饮料，如可乐、雪碧、苏打水等。

（二）乳饮料

乳饮料是选用生鲜乳或乳制品为原料，经发酵后或不发酵加入相关辅料配制而成的饮料。

（1）生鲜乳：分为全脂生鲜乳、半脱脂生鲜乳（低脂生鲜乳）、全脱脂生鲜乳。

（2）调味乳：如早餐乳饮料，巧克力味牛奶、草莓味牛奶等。

（3）发酵乳：如酸奶、乳酸菌饮料等。

（三）功能性饮料

功能性饮料具有补充营养能量、消除疲劳、帮助消化等功能，如红牛、脉动、陈皮等。

（四）便携或包装饮用水

便携或包装饮用水包括矿泉水、纯净水、蒸馏水等。

（五）果蔬类饮料

果蔬类饮料主要以新鲜的蔬果类植物为原料加工而成，可将其分为浓缩果汁、天然果浆等。

（六）茶饮料

（1）加工型茶饮料：茶叶经过冲泡、过滤等工艺后直接灌装或加入糖、酸味剂、食用香精等材料后调制而成的饮料，如康师傅绿茶、统一冰红茶等。

（2）原汁型茶饮料：将茶叶直接冲泡无需添加任何辅料的饮料，如乌龙茶、绿茶、麦茶等。

（七）咖啡

咖啡是世界三大（咖啡、茶、可可）饮料之一。

思考与练习

（1）饮料可分为哪两类？

（2）世界三大饮料是哪些？

任务二　初识酿酒原理

学习目标

- 认识酒的主要成分。
- 会识别酒的酒度。
- 学会区分中式与美式酒度的表示方法。

一、酒

一种用水果、谷物等其他含糖或淀粉的材料经过发酵、蒸馏等方法生产的一种含酒精的饮料。

二、酒度

酒精在饮料中的含量称为酒度。酒精在酒液中的含量除啤酒外，都用容量百分比 %（D/D）表示，称为酒精度。通常也用体积的方式来表示：在温度为 20℃ 时，每 100 mL 酒液中含乙醇 1 毫升，即酒精度为 1%（V/V）。

美式酒度标准以 proof 表示，即酒液在 20℃ 的条件下，酒液内酒精含量达到体积的 50% 时，酒度为 100proof，用中国酒度表示则为 50 度。

三、酒的主要成分

（一）酒精

酒精又名乙醇，英文名为 ethanol。

特点：常温下为无色透明液体，易挥发、易燃烧，刺激性较强。冰点较高，约为 -10℃，沸点为 78.3℃，有消毒杀菌的作用。

（二）糖

糖是引起酒精发酵的主要成分，会改进酒的味道，在一定条件下，也会让酒再次发酵，如葡萄酒中糖分含量最高不能超过 20%。

（三）醛类物质

醛类物质的主要作用是使酒带有辛辣味。当酒中醛类的含量较少时，可以增加芳香，若每升酒液中含量超过 30 mL 时，就会对黏膜产生刺激。

（四）酸类物质

酒中含有少量的酸类物质，主要作用是增加酒的香味。

四、酒的主要生产工艺

酒的主要生产工艺为酒精发酵→糖化→制曲→原料处理→蒸馏→陈酿→勾兑。

五、酒的作用

酒对人体益害兼有，"少则益，多则弊"。

适当饮酒，可开胃，助消化，促进睡眠，消除疲劳，加速血液循环，活血化瘀，减轻心脏负担，有效预防心血管疾病。

外用则具有舒筋活血、杀菌、解毒的作用。

思考与练习

（1）什么是美式酒度？

（2）请简单列举酒的利弊。

任务三　初识酒的分类

学习目标

• 能根据酒的生产工艺区分酒的类型，会识别酿造酒、蒸馏酒、配制酒的品种。

• 掌握餐前酒、佐餐酒、甜食酒、餐后酒的饮用方法，并能根据酒的不同来区分。

- 学会依据酒的酒度区分酒的烈性：低度酒、中底酒、高度酒、无酒精饮料。
- 学会区分粮食类、水果类酒。

按照不同的分类标准，可以对酒进行不同的分类，比如可以按照生产工艺、酿造原料、产地、酒精含量等不同的标准进行分类，以下是几种常用的分类方法。

一、按酒的生产工艺分类

按酒的生产工艺分三种：酿造、蒸馏、配制，分别被称为酿造酒、蒸馏酒和配制酒。常见酒类按生产工艺分类简图如下：

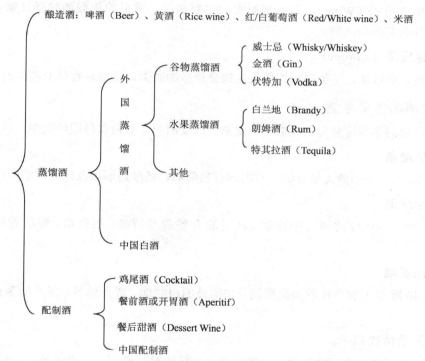

（一）酿造酒

酿造酒又称为发酵酒，是指将酿造原料经过发酵后直接提取而制成的酒。其酒度比较低，通常在15%以下。常见的酿造酒有葡萄酒、啤酒、黄酒、米酒等。

（二）蒸馏酒

蒸馏酒是指原料经发酵后得到的酒液再经过蒸馏法提纯所得到的酒。其酒精含量较高，酒液质量较好。常见的蒸馏酒有：

（1）外国蒸馏酒：金酒、威士忌、伏特加、白兰地等。

（2）中国蒸馏酒：中国白酒。

（三）配制酒

配制酒是以酿造酒或蒸馏酒为基酒，向基酒中加入药材、香料等通过浸泡、混合、勾兑等方法改变其味道、颜色等加工而成的酒，如常见的药酒、露酒、鸡尾酒等。

二、按餐饮习惯分类

按西餐配餐的方式可将酒水分为餐前酒或开胃酒、佐餐酒、餐后酒三大类。

（一）餐前酒（Aperitif）

餐前酒也称开胃酒，是指在用餐前饮用，具有开胃和增进食欲的作用。开胃酒通常以蒸馏酒或葡萄酒为基酒再用其他香料或药材浸制而成。常见的有味美思（Vermouth）、比特酒（Bitter）、茴香酒（Anise）等。

（二）佐餐酒（Table Wine）

佐餐酒即葡萄酒（Wine），是西餐配餐的主要酒类。常见的佐餐酒包括红葡萄酒、白葡萄酒、玫瑰红葡萄酒和汽酒。

（三）餐后酒（Liqueur）

餐后酒也称利口酒，是供餐后饮用且含糖分较多的酒类，饮用后有帮助消化的作用。

三、按酒精含量分类

按酒精含量的多少可分为低度酒、中度酒、高度酒和无酒精饮料四种类型。

（一）低度酒

酒度在20度以下的酒为低度酒，常用的有葡萄酒、低度药酒以及部分黄酒和日本清酒。

（二）中度酒

酒度为20～40度的酒为中度酒，常用的有餐前开胃酒、甜食酒、餐后甜酒、竹叶青、米酒等。

（三）高度酒

酒度在40度以上的烈性酒为高度酒，如国外的白兰地、威士忌等，国产的茅台、五粮液、汾酒等。

（四）无酒精饮料

无酒精饮料泛指所有不含酒精成分的饮品，如乳饮料、矿泉水、果汁等。

四、按酿造的原材料分类

（一）粮食类

粮食类酒主要以谷物为原料，经过发酵或蒸馏等工艺酿制而成的酒品，如啤酒、中国白酒、威士忌等。

（二）水果类

水果类酒主要有以富含糖分的水果为原料，经过发酵或蒸馏等工艺酿制而成的酒品，如葡萄酒、苹果酒、白兰地等。

思考与练习

（1）按照酒水的生产工艺，可分为哪几类？

（2）按照酒精含量，可分为几大类？

单元二
软饮料的识别与冲兑

　　茶与咖啡蕴含着人与人之间的情感，是世界上消耗量最大的两种软饮料。茶代表着传统，既含着浓浓清香，又代表着浓浓感情；咖啡代表着时尚与潮流，它不仅方便、快捷，更蕴含刺激与热烈。

任务一　茶饮料的识别与冲兑

学习目标

- 认识茶叶的特点与功效，懂得区分茶叶的种类。
- 学会识别茶叶，懂得各类不同类别茶叶的常见品种。
- 能够根据不同类别的类叶，选择不同的方法进行冲泡。

据说神农时代，中国人就开始饮茶。唐朝陆羽的《茶经》云："茶之为饮，发乎神农，闻于鲁周公。"在神农时代，就发现茶树的鲜叶具有解毒的作用。《神农本草经》记载："神农尝百草，日遇七十二毒，得茶而解之"。这说明中国人利用或饮茶已有四千多年的历史，且人工栽培茶树迄今已有三千多年的历史了。

■ 一、茶叶的作用与功效

茶叶中有茶多酚、咖啡因、蛋白质、氨基酸等多种营养元素。因此，茶叶具有如下功效：

（1）生津、止渴、解暑。

（2）降脂、解腻、助消化。

（3）利尿、排毒、保肾、清肝病。

（4）防辐射、抗衰老。

（5）强心、降压、强体质等。

■ 二、茶叶的分类

（一）按加工方式和发酵程度分类

（1）不发酵茶：以茶树的鲜叶为原料，不经发酵，直接经过杀青、揉捻、干燥等工艺而制成的茶叶。不发酵茶的代表即为绿茶，因其干茶色泽和茶汤、茶渣均为绿色，故名绿茶。

（2）半发酵茶：新鲜的茶青通过加工工艺的控制，使茶青只进行部分发酵，因此它既有不发酵茶的特性，又有全发酵茶的特性，如乌龙茶、铁观音。

（3）全发酵茶：新鲜的茶青经过100%发酵而制成的茶叶。因其冲泡后的茶汤呈暗红或深红，极具特色，被称为红茶。

（4）后发酵茶：茶青经过杀青、揉捻等工艺制作后，再次进行渥堆发酵、干燥等工艺生产的茶。六大茶类中的黑茶则属后发酵茶。

（二）按茶叶的颜色分类

1．绿茶

绿茶是我国主要的茶类之一，是分布最广、消费最多的茶类。中国绿茶主要有四个产区：江南产区、江北产区、华南产区和西南产区。

（1）颜色：外形绿、茶汤绿、茶渣绿。

（2）性质：味清淡略苦，富含维生素 C 和叶绿素，刺激神经的作用较强。

（3）常见品种：西湖龙井、黄山毛峰、庐山云雾、信阳毛尖、洞庭碧螺春、六安瓜片、峨眉竹叶青等。

（4）冲泡水温：鲜嫩绿茶在冲泡时，水温以 80℃ 为佳。

2．乌龙茶

乌龙茶也称为青茶，属半发酵茶，其叶子有"绿叶红镶边"的特点。著名的产茶地区有闽北、闽南和台湾省。

（1）颜色：茶叶呈深绿或暗绿色，茶汤呈蜜绿色或蜜黄色。

（2）性质：温凉，略含维生素 C 和叶绿素，因此刺激神经的作用较弱。

（3）常见品种：武夷的大红袍、肉桂、水仙、安溪铁观音、凤凰单丛、台湾冻顶乌龙茶等。

（4）冲泡水温：水温以 100℃ 为宜。

3．红茶

中国是红茶的鼻祖，红茶属于全发酵茶类。红茶种类较多，产地较广，除中国盛产红茶外，从中国引种发展起来的印度、斯里兰卡产的红茶也非常有名。红茶分为小种红茶、工夫红茶和碎红茶。

（1）颜色：茶叶和茶汤均为暗红色。

（2）性质：温和，不含维生素 C 和叶绿素，其刺激神经的作用较低。

（3）常见品种：祁门工夫红、滇红工夫、宁州工夫红等。

（4）冲泡水温：水温以 95℃为宜。

4．黄茶

黄茶属于部分发酵茶类。制造工艺类似于绿茶，因人们在制作绿茶时发现，由于杀青、揉捻后干燥不足或不及时，叶色变黄，于是产生了黄茶。现代黄茶在制作过程进行闷堆渥，其工艺分为湿坯焖黄和干坯焖黄。

（1）颜色：黄叶黄汤。

（2）性质：凉性，产量低，较为名贵。

（3）常见品种：湖南的君山银针、四川雅安的蒙顶黄芽、安徽的霍山黄芽等。

（4）冲泡水温：水温以 85℃ 为宜。

5．白茶

白茶属部分发酵茶中的轻微发酵茶，是我国茶类中的珍品。因其多为茶树的嫩芽芽头，细嫩的芽叶上满披白毫，如银似雪而得名。因原料不同而分为白芽茶和白叶茶两类。

（1）颜色：色白隐绿。

（2）性质：寒凉。

（3）常见品种：福建福鼎的北路白毫银针和政和县的南路白毫银针等。

（4）冲泡水温：水温以 75℃ 为宜。

6．黑茶

黑茶属后发酵茶类。因其渥堆发酵的时间较长，其成品茶的茶色为黑色或黑褐色，故名黑茶。黑茶采用的原料一般较粗老。主产区为四川、云南、湖北、湖南、陕西等地。是压制紧压茶的主要原料。制茶工艺一般包括杀青、揉捻、渥堆和干燥四道工序。黑茶按地域分布可分为湖南黑茶、四川边茶、广西六堡茶、湖北老青茶。

（1）颜色：青褐色、茶汤呈褐色或橙黄色。

（2）性质：温和，属后发酵茶，可长久存放，耐泡耐煮。

（3）常见品种：湖南黑茶、四川边茶、广西六堡茶等。

（4）冲泡水温：水温以 100℃ 为宜。

（三）按采摘季节分类

1．春茶

春茶又称为明前茶，采摘时间为当年 3 月下旬至 5 月中旬。春茶茶芽肥硕、色泽翠绿且富含维生素 C 和氨基酸，其滋味鲜活。

2．夏茶

夏茶的采摘时间为当年的 5 月下旬至 7 月初。因夏季茶树生长迅速，因此茶叶中所能浸泡出的元素相对较少，致使夏茶茶汤滋味和香气均不如春茶，味苦涩。

3．秋茶

秋茶的采摘时间是在 8 月中旬以后。秋茶的香气和味道都很平和。

4．冬茶

冬茶的采摘时间约在 10 月下旬。冬茶滋味醇厚，香气浓郁。

思考与练习

（1）茶叶按照其发酵程度可分为不发酵茶、（　　　　　）、全发酵茶、（　　　　　）。

（2）茶叶按采摘时间可分为哪几类？

（3）请描述绿茶、红茶制作工艺的区别。

任务二　海南鹧鸪茶的识别与冲兑

学习目标

- 认识鹧鸪茶，懂得它的性质和功效。
- 学会识别鹧鸪茶，并能独立完成冲泡。

相传海南省万宁市有人养着一只心爱的山鹧鸪鸟，这只鸟生病后，此人翻山越岭来到东山岭，采摘树叶泡热水给鹧鸪鸟喝，几天后该鸟不但病愈，还活了很久，人们从此认识了此叶的保健功用，于是从山上将树叶连枝一并采回，然后逐片摘下，卷成直径为 4～5 cm 的球状团，再用椰子树叶片撕成的细长条带扎紧，然后将 15～20 个茶叶团串成念珠状的一串，晒干或自然风干。客人来时，解下一个茶团，烧水冲茶，并取名为鹧鸪茶。

一、鹧鸪茶

鹧鸪茶，海南特产。鹧鸪茶又称为山苦茶、禾姑茶、毛茶。

鹧鸪茶树属野生灌木，茶树高可达 1～3 m，耐旱，喜生长于荒山野岭的石缝中，主要产于冠有"世界长寿之乡"美誉的海南万宁东山岭。

鹧鸪茶被历代文人墨客誉为茶品中的"灵芝"，是海南人们日常生活中的四季常饮和款待宾客的绿色健康饮品。我国著名诗人、戏曲作家田汉当年登东山岭曾写下"羊肥爱芝草，茶好伴名泉"的诗句。在海南国际旅游岛的今天，海南鹧鸪茶已成为具有浓郁地方特色的旅游商品，甚受旅客喜爱。

二、鹧鸪茶的特点

（1）作用与功效。《本草求原卷一》云："鹧鸪茶，甘辛，香温，主咳嗽，痰火内伤，散热毒瘤痢；理蛇要药。根，治牙痛，疳积。"

鹧鸪茶具有清热解毒、解渴、消食解油腻、降压防感冒之功效。

（2）颜色：茶叶呈青绿或暗绿色，茶汤呈清亮的黄绿色，久置空气中会变色。

（3）性质：甘辛。

（4）香味：鹧鸪茶，其茶质醇厚、有淡淡的药香；其茶香浓烈、甘甜。

三、生产工艺

（一）采摘时间

每年农历五月初，村民都会自发进山采摘鹧鸪茶叶，因此又被称为五月茶。据说五月初一到五月初五采摘的茶叶质量最好。

（二）加工工艺

鹧鸪茶只经过最初的加工，并没有像其他茶叶一样有杀青等工序，属于毛茶类，因此茶叶看起来非常大，冲泡以后的茶渣像树叶一样大小。鹧鸪茶为纯手工制作茶，每串约有 20 个茶球，重约 40 g。

四、饮用方法

将茶叶用沸水直接冲泡即可饮用。

思考与练习

（1）鹧鸪茶被誉为茶品中的什么？

（2）鹧鸪茶有什么作用？

任务三 海南苦丁茶的识别与冲兑

学习目标

- 认识苦丁茶，懂得它的特点与功效。
- 学会冲泡苦丁茶，并懂得品、赏苦丁茶。

一、苦丁茶

苦丁茶是中国传统的纯天然保健饮品，源为冬青科植物大叶冬青的叶；生于山坡、竹林、灌木丛中；分布于长江下游各省及海南、福建等地。

海南苦丁茶属于冬青科的苦丁茶冬青种，不同于四川、贵州、云南等地出产的苦丁茶。海南省澄迈县澄迈万昌苦丁茶场自1999年从引种大叶冬青进行大棚栽培，至今已有15年的时间。而海南岛五指山苦丁茶具有独具一格的品质。五指山海拔在1867 m，常年云雾缭绕、雨水充沛、气候湿润、土质疏松肥沃，是苦丁茶理想的生长地。

二、苦丁茶特点

（1）作用与功效。饮用苦丁茶具有清肝明目、清热消炎解毒、降血脂、降血糖、降血压等作用。因此在民间有"绿色黄金""美容茶""益寿茶""长寿茶"的美誉。

（2）颜色：茶叶呈灰绿色有光泽；茶汤呈黄绿色、清澈；茶渣呈靛青或暗青色，质地柔软。

（3）性质：凉性，含有丰富的氨基酸、咖啡碱、多酚类。

（4）香味：清香，有苦中回甘的特点。

（5）禁用人群：脾胃虚寒者慎服。

三、生产工艺

（一）苦丁茶的分类

（1）大叶冬青苦丁茶：大叶冬青苦丁茶又名甜茶叶，是最理想的饮用苦丁茶。

（2）小叶苦丁茶：享有"绿色金子"的美誉，主要产于四川、贵州、云南等地，是我国南方常饮用的种清热凉茶，味道略苦微甘。

（二）加工工艺

如同其他茶叶一样为加工工艺为萎凋—杀青—揉捻—干燥。

生态苦丁茶：采摘五指山苦丁茶树的芽尖嫩叶，经过传统的工艺加工而成。

四、饮用方法

（1）饮用时，选用沸水直接冲泡即可。因苦丁茶具有量少味浓、耐冲泡的特点，需要注意茶叶的量。

（2）苦丁茶在饮用时，可分为单饮和混饮。

① 单饮：仅以苦丁茶用沸水冲泡饮用，感受的是其原汁原味，苦中回甘的味道。

② 混饮：将苦丁茶与乌龙茶、绿茶等茶叶进行混合冲泡饮用。饮用时，有苦丁茶回甘和润喉的享受，也有混合茶的茶香，饮用时别有一番风味。

（3）嚼食：经过多次冲泡后，茶味这淡，可嚼食茶芽。

思考与练习

（1）苦丁茶有什么特点？

（2）请简述苦丁茶的分类？

任务四 咖啡的识别与冲兑

学习目标

• 认识咖啡及其生长过程。

• 认识咖啡饮用的用途。

• 能够区分咖啡的种类，学会分辨不同咖啡的烘焙程度。

• 学会冲泡咖啡，并掌握为客人服务的技巧。

跳舞的山羊：传说有一位牧羊人，在牧羊的时候，偶然发现他的羊活蹦乱跳、兴奋不已，仔细一看，原来羊是吃了一种红色的果子才导致举止滑稽怪异。他试着采了这种红果子回去熬煮，没想到满室芳香，熬成的汁液喝下以后更是精神振奋，神清气爽，从此，这种果实就被作为一种提神醒脑的饮料，且颇受好评。

一、咖啡简介

"咖啡"（Coffee）一词源自希腊语 Kaweh，意思是力量与热情。非洲是咖啡的故乡，咖啡源于埃塞俄比亚的一个名叫卡法（Kaffa）的小镇，咖啡与茶、可可并称为世界三大饮料。

二、咖啡树的生长及种类

（一）咖啡树的生长

咖啡树为茜草科多年生常绿灌木或小乔木，具有速生、高产、价值高的特点。野生咖啡树可长到 5 ～ 10 m 高，而人工栽培的咖啡树为了便于采摘，大多被修剪到 2 m 左右。咖啡树适合生长于热带与亚热带气候区，世界上主要的"咖啡带"则主要集中在亚洲、美洲、非洲。

花为白色，未成熟的咖啡果为绿色，成熟的咖啡浆果形似樱桃，呈鲜红色，果肉内含一对种子，就是我们用于食用的咖啡豆。

咖啡品种有大粒种、中粒种和小粒种，小粒咖啡种咖啡因含量低，香气浓；中粒和大粒咖啡种的咖啡因含量高，且香气较差。

（二）咖啡树的种类

1．阿拉比卡种（Arabica）

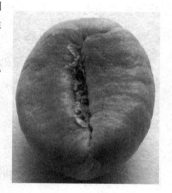

阿拉比卡种（Arabica）咖啡主要产于巴西、哥伦比亚、牙买加等中美洲国家。阿拉比卡种咖啡树难于栽种，但其豆子的品质却非常好：香味好，味道均衡，且咖啡因的含量较少。如巴西的山度士、苏门答腊的曼特宁、也门的摩卡以及牙买加的蓝山等都属于阿拉比卡种的优质咖啡豆。

阿拉比卡种特点：豆子呈椭圆形，较瘦长，中间线近似于 S 形。

2．罗布斯塔（Robusta）

罗布斯塔种（Robusta）咖啡主要产于乌干达、刚果等国。罗布斯塔种咖啡树易于栽培，但咖啡豆的香气差，且苦味强，酸度不足，其咖啡因的含量是阿拉比卡种的两培。

罗布斯塔种特点：豆子圆而胖，中间线几乎为直线。

三、咖啡豆的烘焙

咖啡豆按其烘焙度可分为：

（1）浅度烘焙（Light Roast）：气味浓，豆子脆，酸味重。

（2）中度烘焙（Medium Roast）：醇度较浓，仍留有较重的酸度。

（3）深度烘焙（High Roast）：豆子的表面有浅浅的油迹，苦味大于酸味。

四、咖啡的特点与影响

（一）咖啡的特点

咖啡含有纤维、芳香油、咖啡因、单宁酸、脂肪等成分，且不同品种的咖啡其酸、甜、苦、香等特点也各不一样。

（二）咖啡的利弊

（1）咖啡对人体的益处：咖啡是一种兴奋剂，具有振奋精神、缓解大脑和肌肉疲劳、利尿、刺激中枢神经和呼吸系统、扩大血管、使心跳加速等作用。

（2）咖啡对人体的负面影响：紧张时饮用会加剧紧张的强度、长期饮用会引起骨质疏松、易于造成失眠等。

（3）咖啡不适宜人群：骨质疏松患者、年老者、孕妇、儿童、高血压患者等。

五、世界著名的咖啡

（一）蓝山咖啡

蓝山咖啡因产于牙买加西部的蓝山山脉而得名。蓝山咖啡豆颗粒饱满，比一般豆子稍大。其酸、香、醇、甘味强烈，略带苦味，风味极好，适合用于做单品咖啡。

（二）摩卡咖啡

摩卡咖啡豆产于也门，是世界上最古老的咖啡，酸味重，风味独特。

（三）哥伦比亚咖啡

哥伦比亚是世界第二大咖啡生产国，其出产的咖啡豆颗粒大，具有特殊的厚重味，口感则是酸中带甘、微苦。

六、咖啡的饮用与服务

（一）咖啡杯

当使用袖珍型的咖啡杯饮用时，因其杯耳较小，手指无法穿出去。但即使用较大的杯子，都不可用手指穿过杯耳端杯子，而是拇指和食指捏住杯把将杯子端起。

（二）咖啡加糖

（1）砂糖：砂糖可直接用干净的咖啡匙舀取，然后直接加入杯内。

（2）方糖：先用糖夹把方糖夹在咖啡碟的近身一侧，再用咖啡匙把方糖加在杯子里。如果直接用糖夹子或手把方糖放入杯内，有时可能会使咖啡溅出，从而弄脏衣服或台布则非常不雅观。

（三）咖啡匙

（1）咖啡匙用于搅咖啡，饮用时应把它取出来放于咖啡碟。

（2）不可用咖啡匙一匙一匙地舀着咖啡喝。

（3）刚煮好的咖啡太烫，可用咖啡匙在杯中轻轻搅拌使之冷却，然后再饮用，不可用嘴去吹。

（四）杯碟

（1）杯碟应当放在饮用者的正面或者右侧，杯耳应指向右方。

（2）饮用时，可用右手拿杯耳，左手轻轻托着咖啡碟，慢慢地移向嘴边。

（五）不可发出声响

✍ 思考与练习

（1）世界有名的两大咖啡品种是（　　　）、（　　　）。

（2）咖啡豆按其烘焙程度可分为浅度烘焙、（　　　）和（　　　）。

（3）饮用咖啡对人体的影响？

任务五　海南福山咖啡的识别与冲兑

📖 学习目标

- 认识海南福山咖啡的特点及其生产工艺。
- 识别海南福山咖啡的常见品牌。
- 学会福山咖啡的冲泡及其服务方法。

　　在东南亚，流传着这样一句顺口溜："潮州粉条福建面，海南咖啡人人传"。据说在东南亚，大部分的咖啡店都是由海南人经营的。

　　有人说，热带海南的诱人，不只在于它的美景，还在于它的香味——咖啡。中国有两个盛产咖啡的地方：云南和海南。在海南，有两个以咖啡闻名的地方：澄迈福山和万宁兴隆。

　　海南种植咖啡已有百年的历史，被奉为时尚、奢侈的咖啡文化，在海南却被演绎得平常而朴素。

▌ 一、海南福山咖啡发展历史

　　1935年，印尼归侨陈显彰将咖啡引种到福山，成立福民农场，随后咖啡产品远销香港。在福山现存的咖啡树中，树龄最大的有70多年。

1974 年，在广州商品交易会上，有客商指名要购买福山咖啡。

1976 年，福山农民徐秀义带领全家人，投入多年的积蓄，开辟咖啡园。

2004 年，福山咖啡文化村全力打造咖啡驿站，成为海南西线观光农业园休闲的亮点。

二、海南福山咖啡殊荣

福山咖啡曾获得"天涯珍宝""琼州一绝"的美誉。

2010 年 1 月被国家质检总局批准为"国家地理标志保护产品"。

2010 年 11 月被指定为"中国桥牌协会唯一指定咖啡饮品"。

三、海南福山咖啡特点

（1）形：福山咖啡豆结实、颗粒大而饱满。

（2）味：香气浓郁、醇厚、丝滑的品质，富有特有的福山地方风格。

四、海南福山咖啡加工工艺

（一）咖啡豆的采摘

当年的 11 月到次年 4 月，是大量采摘的时间。福山的咖啡农户钟爱于春节前后的阳光，这时的阳光能及时晒干果肉中的水分。

（二）咖啡豆的加工精华——典藏

为了更好地保存和烘焙咖啡豆，在对咖啡果进行脱皮处理过程中，福山咖啡农户选择了一道独于世界其他咖啡种类的工艺——典藏（海南话称作"醇"）。咖啡在"醇"时要定期翻动进行通风透气和除湿，防止霉味的产生。"醇"后的咖啡，涩味减弱。

（三）咖啡豆的烘焙

有一咖啡学者说：咖啡味道的 80% 是由烘焙决定的。

咖啡的香气来自碳火，咖啡的苦味来自咖啡因。烘焙的程度不同，使咖啡的味道有浓淡之分。福山民间烘炒咖啡多用古法：用碳火、铁锅手工翻炒咖啡豆，用大火把生豆不停地翻炒，使豆受热均匀并完全爆开。

五、海南福山咖啡饮用

（1）海南古法饮用：在福山民间，老农们用瓦罐盛冲煮咖啡，饮用时不过滤咖啡渣，喝完咖啡后将留在罐底的咖啡渣放入嘴里慢慢嚼，尽享其中的香醇。

（2）现代单品饮用法：使用虹吸壶冲煮后过滤端上桌，让顾客自己加炼乳和糖。

六、海南福山咖啡品牌

海南福山的主要咖啡品牌有海南福山咖啡、海南候臣咖啡。

思考与练习

（1）请简述海南福山咖啡加工的精华。

（2）海南福山咖啡的饮用方法有哪些？

任务六 海南兴隆咖啡的识别与冲兑

学习目标

- 认识海南兴隆咖啡的特点及其生产工艺。
- 识别海南兴隆咖啡的常见品牌。

• 学会冲泡海南兴隆咖啡。

在 20 世纪 50 年代，东南亚的归侨们，不但把喝咖啡的传统和制作、冲泡咖啡的手艺带到海南兴隆，还生产出后来声名远扬的兴隆咖啡。

还有一种说法：在 1953 年一位在兴隆华侨农场的新加坡归侨，从福山采集了咖啡种子到兴隆，因此有人认为福山镇是海南乃至中国最早成功大规模种植咖啡的地方。

一、海南兴隆咖啡殊荣

党和国家领导人朱德、周恩来、刘少奇、邓小平、董必武、彭真、叶剑英等也先后来过兴隆，渐渐地，兴隆咖啡成了招待客人必不可少的佳品。

1959 年初，一位民主德国的专家到兴隆访问，他在品尝了兴隆咖啡后说："你们的咖啡味道比我们以前喝过的都要好，希望你们能大量种植。但愿在不久的将来，在我国能买到印有'兴隆牌'的咖啡。"

二、海南兴隆咖啡特点

（1）形：兴隆咖啡豆以中粒种为主。

（2）味：香醇可口。

三、海南兴隆咖啡加工工艺

（1）兴隆咖啡豆的炒制技术采用的是东南亚的方法：在炒制过程中，特别需要掌握火候，并适时地加上白糖、食盐等，这样加工出来的咖啡格外香浓。

（2）炭烧咖啡：炭烧咖啡继承了海南咖啡的风味与别致，用碳火深度烘焙，以独特烘烤焙炒工艺再创咖啡的经典。其香味特殊：甘、醇、浓郁，味道既香又醇，无酸味。

四、海南兴隆咖啡饮用

（1）单品饮用：可冲泡，煮沸更为香浓，需过滤后方可饮用。可以充分的品尝咖啡的原香原味，香醇可口。

（2）混饮：海南兴隆咖啡豆和文昌椰子为原料，经加工制成的椰奶咖啡，咖啡的浓郁与椰奶的柔滑巧妙结合，椰香扑鼻，细腻滑口，浓而不苦，香而不涩。

五、海南兴隆咖啡品牌

海南兴隆的咖啡品牌主要有海南兴隆咖啡、海南怡然咖啡、海南南国兴隆咖啡。

思考与练习

（1）海南兴隆咖啡的特点有哪些？

（2）海南兴隆咖啡的加工工艺是什么？

单元三

学会用兑和法调制鸡尾酒

　　鸡尾酒的世界丰富多彩，早已步入人们生活的闲暇时间，也成为一种时尚消遣。兑和法调制鸡尾酒既可以调制成适合男士的烈性饮料，也可以调制成适合女士的饮料。不同的搭配，不同的制作方法，给人以不同的口感，慢慢地品尝，它能给人惬意的感受。

任务一　调制深水炸弹鸡尾酒

学习目标

- 学会兑和法的操作步骤，掌握动作要领。
- 能够根据深水炸弹鸡尾酒的调制配方独立完成操作。
- 认识调酒工具，并学会其使用方法。
- 并能够识别伏特加的特点，学会服务客人品尝伏特加。

关于鸡尾酒的出现，大家众说纷纭。

一种传说：美国独立战争时，纽约州一个小酒店女招待叫贝特西·弗拉纳根，接待许多军官喝酒，发现各种酒都不多了。她急中生智，把剩下的各种酒倒在一起，并拔了一根鸡尾毛来搅拌。军官们喝后连声叫好，问这是什么酒，她顺口答道："鸡尾酒"。从此这种酒就在世界上流行开了。

另一种传说：18世纪，一家美国农村旅馆老板的女儿，因遗失一只心爱的公鸡而得了病。老板焦急万分，向村民宣布：若有人找到公鸡，便可与他女儿成婚。后来，一个小伙子找到了。当他们结婚那天，老板的女儿把珍藏的各种好酒混在一起，请大家畅饮。从此人们便将几种混合在一起的酒称为鸡尾酒。

一、鸡尾酒（Cocktail）

广义理解的鸡尾酒是指含酒精的混合型饮料，而在某种程度上的理解则是一种量少且口感层次非常丰富的调制酒，以烈酒或葡萄酒为基酒，再辅以其他材料通过搅拌或摇和而成，最后稍做装饰。

二、鸡尾酒：深水炸弹（Depth Bomb）

完成深水炸弹鸡尾酒的制作

名　称：深水炸弹。

材　料：啤酒、伏特加。

配方：28 mL 伏特加、啤酒适量。

方　法：兑和法。

载　杯：洛克杯，烈酒杯。

步　骤：

（1）在洛克杯中注入啤酒，约为八分满。

（2）将伏特加倒入烈酒杯并投入洛克杯中。

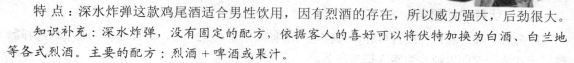

特　点：深水炸弹这款鸡尾酒适合男性饮用，因有烈酒的存在，所以威力强大，后劲很大。

知识补充：深水炸弹，没有固定的配方，依据客人的喜好可以将伏特加换为白酒、白兰地等各式烈酒。主要的配方：烈酒＋啤酒或果汁。

三、兑和法

兑和法既不用调酒杯也不用调酒壶，而是直接将冰块及所需要的各种材料按顺序加入杯中，手持长匙轻而快地斜向上下搅动一下，让各种材料混合即可。当然，并不是所有的都需要搅拌，如常见的彩虹鸡尾酒。

具体操作：

（1）将冰镇后的材料和冰块放入冰镇好的鸡尾酒杯。

（2）左手扶住鸡尾酒杯，右手用吧匙搅拌即可。

四、伏特加

伏特加酒是俄罗斯的传统酒精饮料，但世界上除俄罗斯以外，美国、波兰、英国、丹麦等国家都生产伏特加，质量却仍以俄罗斯所生产的伏特加为最好。

（一）伏特加的生产工艺

材　料：主要是以谷物、马铃薯或玉米等原料酿制而成。

产　地：俄罗斯、波兰、英国等国家。

特　点：酒液无色透明、除酒精味外无任何香味、味烈劲大，生产后可直接出售。

特殊工艺：将酿成的酒经过蒸馏制成高达95度的酒精，再用蒸馏水稀释至40～60度并经过活性炭过滤，让酒体与碳原子接触，使酒质更加晶莹清澈无色。所以在调制各种鸡尾酒的过程中，常选用伏特加作为基酒。

（二）名厂名品

（1）俄罗斯名品：苏联红牌（Stolichnaya）、绝对牌（Absolut）。

（2）英国名品：哥萨克牌（Cossack）、皇室牌（Imperial）。

（3）美国名品：宝狮牌（Smirnoff）。

（三）伏特加的服务

服务时，选用利口杯或古典杯，每位客人的标准用量为 42 mL，并根据客人的喜好选择冰镇后干饮或同进配以凉水为客人提供服务。

以伏特加为基酒的鸡尾酒，其数量仅次于金酒。所有的伏特加均可用于调制鸡尾酒，通常选用原味伏特加酒。

（四）调酒工具认识

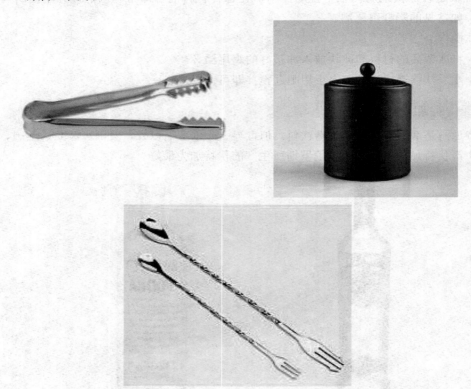

1．冰桶（Ice bucket）

用于盛放冰块。

2．冰夹（Ice tong）

用于夹冰块。

3．长匙（Bar spoon）

长匙又称调酒匙，柄长，中间呈螺旋状，一端为勺，一端为叉，常用于搅拌。

五、标准操作步骤

1. 拿瓶

将酒瓶从吧台或操作台传到手中，传递时：左手传右手、下方传上方。

2. 示瓶

示瓶时，左手托底部，右手握瓶颈部分，呈45°角。

3. 开瓶

开瓶时，应注意右手握瓶，左手中指逆时针拉瓶盖，并要求一次开满。

4. 量杯

瓶盖置于手掌心中，利用拇指、食指及中指交叉定位夹住盎司器（量杯），靠近摇酒壶等调酒器，右手倒酒，左手盖瓶盖。

5. 握杯

平底杯握住杯子下底部；高脚杯握住杯柄部。

6. 溜杯

冰箱冷却、上霜机冷却、加冰块冷却。

7. 温烫

火烤、燃烧、水烫。

思考与练习

（1）请简单描述兑和法的操作步骤。

（2）世界著名的伏特加有哪些？

任务二 调制盐狗鸡尾酒

学习目标

- 能够识别常见的鸡尾酒杯，懂得各类鸡尾酒杯所装酒的品种。
- 能够根据盐狗鸡尾酒的调制配方独立完成操作。
- 认识量酒器，并学会其使用方法。
- 懂得挂霜的作用并能够进行操作。

盐狗——盐狗鸡尾酒诞生于英国，第二次世界大战后，美国掀起了伏特加热，基酒就改为伏特加，酒杯也由平底无脚酒杯代替，由采取调酒壶摇和的方式改为直调的方式，并且选用雪花型杯，而成为别致的鸡尾酒。

一、鸡尾酒：盐狗（salty dog）

完成盐狗鸡尾酒的制作

名　称：盐狗。

材　料：伏特加 30 mL、西柚汁适量、盐、柠檬片。

方　法：兑和法。

工　具：古典杯 / 高飞球杯、量酒器、冰桶、冰夹、长匙。

步　骤：

（1）将古典杯杯边做上盐边。

（2）在杯中放入适量的冰块。

（3）注入 30 mL 伏特加。

（4）加西柚汁到 8 分满，用长匙轻轻搅动即可。

　　特　点：盐狗这款鸡尾酒适合男性饮用，美美地啜上一口，西柚汁中流动着浓烈的伏特加，再辅以杯口的盐，让舌尖上的味蕾瞬间感受到美妙的变化。

二、挂霜

　　挂霜是鸡尾酒调制过程中常用的一种装饰或口味调和的方法。挂霜被分为甜和咸两种。当我们想将酒杯的杯沿做成咸的或甜的，用柠檬片轻轻的擦拭杯口，然后将酒杯反扣在糖或盐上迅速旋转一圈即可。

三、常见酒杯

　　在饮用鸡尾酒或洋酒时，为了更好的显示酒液的颜色或感受酒体的层次感，我们要求酒杯为无色透明为佳。

（一）鸡尾酒杯（Cocktail Glass）

常见鸡尾酒杯底部通常有细长握柄，上方约呈正三角形或梯形，多用玻璃制成，容量为 90 ～ 120 mL。

（二）古典杯（Old Fashioned Glass）

古典杯又称为洛克杯、老式杯。外形呈圆筒形，且杯矮壁厚，是一种容量较大的平底杯。适于饮用威士忌及酒精浓度高的鸡尾酒短饮，容量为 227 ～ 280 mL。

（三）柯林杯（Collins Glass）

柯林杯也称为高杯，是一种杯高身长的圆筒形酒杯，常用于饮用各种烈酒加软饮料的混合饮料，如"金汤力"等长饮类鸡尾酒，容量为 240 ～ 360 mL。

（四）利口酒杯（Liqueur Glass）

利口酒杯又名舒特杯、子弹杯。通常用于纯饮利口酒，偶尔也被用来盛装餐后鸡尾酒，容量为 30 mL 左右。

（五）香槟杯（Champagne Glass）

常选用口小肚大的郁金香花型香槟杯，其身细长如郁金花一般，有时被用来饮用以香槟调配的鸡尾酒，容量为 120 mL 左右。

（六）海波杯（Highball Glass）

海波杯又名长饮杯（Long Drink Glass）、高杯（Tall Tumbler），常用于饮用蒸馏酒与软饮料配制的鸡尾酒，容量为 180 ～ 300 mL。

四、量酒器（盎司器）

用来计量酒水体积的金属杯，分为大中小三个型号。

大量酒器两端约为 30 mL、60 mL。

中量酒器两端约为 30 mL、45 mL。

小量酒器两端约为 15 mL、30 mL。

思考与练习

（1）什么是挂霜？

（2）常见的鸡尾酒杯有哪些？

任务三　调制秀兰邓波儿鸡尾酒

学习目标

• 懂得各类鸡尾酒的分类，能够根据鸡尾酒的酒精含量、原料、基酒的选择、调制和饮用方法、时间来区别鸡尾酒。

• 能够根据秀兰邓波儿鸡尾酒的调制配方独立完成操作。

• 懂得鸡尾酒的装饰，会根据鸡尾酒的类别来进行装饰。

秀兰邓波儿（Shirley Temple）是以美国曾风光一时的儿童名星秀兰·邓波儿的名字来命名的鸡尾酒，它是一款无酒精的长饮饮料。当然，今天这款鸡尾酒也成为了纪念秀兰·邓波儿的一款鸡尾酒。

一、鸡尾酒：秀兰邓波儿（Shirley Temple）

完成秀兰邓波儿鸡尾酒的制作

名　称：秀兰邓波儿。

材　料：红石榴汁 20 mL、雪碧、冰块、樱桃。

方　法：兑和法。

工　具：果汁杯、量酒器、冰桶、冰夹。

步　骤：

（1）将冰块放入杯中，约占酒杯体积的 2/3。

（2）将红石榴汁倒入杯中。

（3）注入雪碧至八分满。

（4）将樱桃切口放于杯口装饰。

特点：虽然名为鸡尾酒，但却无任何酒精，粉红的颜色，适合于女性和儿童，甜甜的感觉，却更像是饮料，非常适合于夏天。

二、鸡尾酒装饰的材料

　　鸡尾酒色彩艳丽，被誉为艺术酒，除了酒体本身的美以外，为了更好地提高鸡尾酒的观赏性，还通过一定的材料进行搭配装饰，有时也可以起到微调鸡尾酒口感的作用，从而让每一款鸡尾酒更完美地呈现。

　　但装饰鸡尾酒时也有一些注意事项

　　（1）装饰物要和鸡尾酒相符合：

　　① 橄榄用于装饰辛辣口感的酒。

　　② 樱桃用于装饰口味甘甜的酒。

　　③ 若在调酒时有使用果汁，那么装饰水果选用同种水果，如选用橙汁时，则选用橙片进行装饰。

　　（2）在置酒时，要预留装饰物的位置，防止部分装饰物的汁液融入酒中，影响酒体的和谐及口感，如酒液中的柠檬皮，其释放的柠檬油肯定会稍微改变鸡尾酒的口感。

　　（3）装饰物仅起到配衬的作用，切不可喧宾夺主，酒液才是主角。

　　（4）装饰水果需要新鲜、成熟、色泽好且软硬适中。

　　常见的装饰物有小雨伞、车厘子、柠檬、小西红柿、菠萝、橙子等。

三、鸡尾酒的分类

（一）按酒精的含量分类

　　鸡尾酒按酒精的含量可分为无酒精鸡尾酒（Non-Alcohol Drinks）、酒精性鸡尾酒（Alcohol Drinks）。

（二）按调制鸡尾酒的原料分类

　　（1）直接饮料（Straight Drinks）：使用单一基酒，进行简单调制，体现原味的特点。

　　（2）混合饮料（Mix Drinks）：采用多种原料进行摇和或搅和等方法的调制，口感色彩层次丰富。

（三）按选择的基酒分类

　　鸡尾酒按选择的基酒可分为伏特加、金酒类、朗姆酒类、白兰地类、威士忌类、龙舌兰类等。

　　（1）以伏特酒为酒基的鸡尾酒，如：黑俄罗斯、血玛丽、螺丝钻等。

　　（2）以金酒为酒基的鸡尾酒，如：金菲斯、阿拉斯加、新加坡司令等。

　　（3）以朗姆为酒基的鸡尾酒，如：百家地鸡尾酒、得其利、迈泰等。

　　（4）以白兰地为酒基的鸡尾酒，如：亚力山大、阿拉巴马、白兰地酸酒等。

　　（5）以威士忌为酒基的鸡尾酒，如：老式鸡尾酒、罗伯罗伊、纽约等。

（四）按鸡尾酒调制和饮用方法分类

　　（1）短饮（Short Drinks）：选用摇和、搅拌或冰镇的方法调制，其酒精含量较高，酒度通常在30度左右，且分量较少，其酒量约60 mL。若时间过长，风味会减弱，因此建议在10～20分钟内，三四口喝完，也就是要求在短时间内饮用完毕。例如曼哈顿则属此类鸡尾酒。

　　（2）长饮（Long Drinks）：其酒精浓度低，主要是烈酒、果汁等混合调制而成，大多选用平底酒杯或果汁杯等容量较大的杯子盛装，所以非常适合于消遣时悠闲的饮用。该类鸡尾酒即使放置 30 分钟也不会过多影响酒体的风味，例如新加坡怀念则属此类。

（3）冷饮类（Iced cocktail），温度为 5 ～ 6℃。

（4）热饮类（Hot drinks），温度为 60 ～ 80℃。

（五）按饮用时间分类

按饮用时间可分为餐前鸡尾酒（Per-dinner Cocktail）、餐后鸡尾酒（After Dinner Cocktail）和夜餐鸡尾酒（Night Cap Cocktail）。

（六）按风格分类

英式鸡尾酒：短饮，酒精含量高。

美式鸡尾酒：酒精含量少，长饮。

中式鸡尾酒：国产酒配制。

思考与练习

鸡尾酒按原料可分为哪几类？调制鸡尾酒常用的基酒有哪些？

鸡尾酒装饰的注意事项有哪些？

任务四 调制龙舌兰日出鸡尾酒

学习目标

• 能够根据龙舌兰日出鸡尾酒的调制配方独立完成操作。

• 认识龙舌兰酒，学会通过颜色进行酒类区分，并懂得服务。

龙舌兰日出（Tequila Sunrise）是一种以龙舌兰、橙汁和石榴糖浆为主要原料的鸡尾酒，颜色以红、黄为主。据说当年滚石乐队在 1972 年的美洲巡回演出中饮用了这款鸡尾酒，使得这款鸡尾酒在美国盛行开来。

一、鸡尾酒：龙舌兰日出（Tequila Sunrise）

完成龙舌兰日出鸡尾酒的制作

名　称：龙舌兰日出。

材　料：龙舌兰酒 45 mL、橙汁 90 mL、石榴糖浆 15 mL、橙子、红樱桃。

方　法：兑和法。

工　具：海波杯、量酒器、冰桶、冰夹。

步　骤：

（1）将冰块放入杯中，约占酒杯体积的 1/2。

（2）将龙舌兰酒倒入杯中。

（3）注入橙汁。

（4）调和龙舌兰酒与橙汁。

（5）将搅拌棒插入杯底，沿搅拌棒将红石榴汁慢慢来引入杯底。

（6）用橙子和红樱桃进行装饰。

特 点：橙汁的颜色看起来非常舒服，口感较好，甜中带着龙舌兰的烈，有着少女般热情的感觉。

■ 二、龙舌兰酒

龙舌兰酒又称特基拉酒（Tequila），是墨西哥的特产，也是墨西哥的国酒，被誉为墨西哥的灵魂。特基拉是墨西哥的一个小镇，此酒以产地得名。此酒是以当地原生植物龙舌兰（agave）为原料生产的蒸馏酒。

（一）龙舌兰的生产工艺

材 料：以龙舌兰为原料酿制而成。

产 地：墨西哥。

特 点：口味凶烈，香气独特，饮酒方式独特，酒度为 40 ～ 50 度。

特殊工艺：龙舌兰生长成熟后割下送至酒厂，剖成两半后进行泡洗。然后将龙舌兰榨出汁水，汁水加糖后送入发酵柜中发酵两天，最后经过两次蒸馏，使酒精度达到 52 度，再放入橡木桶陈酿。

（二）龙舌兰酒的分类

1. 白色龙舌兰酒

白色龙舌兰酒又名银色龙舌兰酒，部分是未经陈酿就直接出售，一部分则直接放入缸中，使其保持无色。

2．金色龙舌兰酒

金色龙舌兰酒则需要在陈旧的橡木桶中贮存 2～4 年，因此它的酒色与白兰地一样均来自于橡木桶，经过贮存，酒质也变的更加醇厚。

（三）名厂名品

特基拉市一带是 Maguey 龙舌兰的品质最优良的产区，且只有该地生产的龙舌兰酒，才允许以 Tequila 之名出售，若是其他地区所制造的龙舌兰酒则称为 Mezcal。

名品代表：凯尔弗（Cuervo）、斗牛士（EI Toro）、索查（Sauza）、欧雷（O1e）、玛丽亚西（Mariachi）。

（四）龙舌兰的服务

龙舌兰常用于净饮。饮用时，先在手背上洒上海盐末来吸食，有时也用淹渍过的辣椒、柠檬佐酒，一口下去，味蕾瞬间体会到酸、咸、辣等口味的变幻，口感非常刺激。

✎ 思考与练习

请简述龙舌兰酒的特点及饮用特点。

任务五　调制美国柠檬汁鸡尾酒

📖 学习目标

- 能够根据美国柠檬汁鸡尾酒的调制配方独立完成操作。
- 认识葡萄酒，了解葡萄酒的制作工艺，并懂得区分葡萄酒。
- 学会葡萄酒的服务方法。

■ 一、鸡尾酒：美国柠檬汁（American Lemonade）

完成美国柠檬汁鸡尾酒的制作

名　称：美国柠檬汁。

材　料：红葡萄酒 30 mL、柠檬汁 40 mL、白糖浆 3 茶匙、矿泉水适量、青柠檬片。

方　法：兑和法 + 分层法。

工　具：红葡萄酒杯、量酒器、冰桶、冰夹。

步　骤：

（1）将柠檬汁和白糖浆注入酒杯。

（2）让柠檬汁与糖浆充分融合。

（3）加入冰块，注入矿泉水。

（4）借搅拌棒慢慢地注入冰镇红葡萄酒，使其浮于酒面。

（5）用青柠檬片进行装饰。

特 点：柠檬汁和红葡萄酒上下色彩对比鲜明，酒精含量很低，口感较好，非常适合于女性。

二、葡萄酒

传说古代有一位波斯国王，爱吃葡萄，曾将葡萄压紧保藏在一个大陶罐里，标着"有毒"，防人偷吃。等到数天以后，国王有一个妃子对生活发生了厌倦，擅自饮用了标明"有毒"的陶罐内的葡萄酿成的饮料，滋味非常美好，非但没结束自己的生命，反而异常兴奋，这个妃子又对生活充满了信心。她盛了一杯专门呈送给国王，国王饮后也十分欣赏。自此以后，国王颁布了命令，专门收藏成熟的葡萄，压紧盛在容器内进行发酵，以便得到葡萄酒。

葡萄酒是以新鲜的葡萄或葡萄汁为原料，经自然发酵酿成的酒精饮料，其酒度为 9 ～ 12 度。通常分红葡萄酒和白葡萄酒两种。前者是红葡萄带皮浸渍发酵而成；后者是葡萄汁发酵而成的。

（一）葡萄酒的生产工艺

材 料：以新鲜的葡萄或葡萄汁为原料酿制而成。

产 地：英国、法国、意大利、德国、澳大利亚、智利等国家。

特 点：因葡萄酒品种很多，葡萄栽培技术及环境、酒体的生产工艺和条件各不相同，所以产品风格有较大区别。

特殊工艺：自然发酵、陈酿而成。

生产工艺：采摘—破碎—发酵—压榨—酒液澄清—老熟—勾兑—装瓶出售。

（二）葡萄酒的分类

1．按酒体颜色分类

红葡萄酒：采用皮红肉白或皮肉皆红的葡萄连带葡萄皮和汁一起混合发酵，使葡萄皮中的色素融入酒液中，让酒色呈自然深宝石红、宝石红、紫红或石榴红等。

白葡萄酒：选用白葡萄、青葡萄或皮红肉白的葡萄去籽去皮后进行自然发酵，酒的颜色微黄带绿，近似无色或浅黄、禾秆黄、金黄色。

桃红葡萄酒（玫瑰红葡萄酒）：用带色的红葡萄带皮发酵或分离发酵制成，酒体的颜色呈玫瑰色。

2．按葡萄酒的含糖量分类

干葡萄酒（Dry）：含糖量低于 4 g/L，几乎品尝不出甜味，有淡淡的酸味。

半干葡萄酒（Medium Dry）：含糖量为 4 ～ 12 g/L。

半甜葡萄酒（Medium Sweet）：含糖量为 12 ～ 45 g/L。

甜葡萄酒（Sweet）：含糖量大于 45 g/L。

3．按是否含有二氧化碳分类

葡萄酒按是否含有二氧化碳可分为静止葡萄酒、起泡葡萄酒。

（三）著名的葡萄酒产区

（1）法国：波尔多产区（Bordeaux）、勃艮第地区（Burgundy）、香槟产区（Champagne）、阿尔萨斯产区（Alsace）、卢瓦尔河谷产区（Vallee de la Loire）。波尔多和勃艮第、香槟并称为法国三大葡萄酒产地。香槟产区主要生产起泡葡萄酒；波尔多产区主要生产调配葡萄酒；勃艮第产区主要生产单一葡萄品种的葡萄酒。

（2）意大利：托斯卡纳（Tuscany）、皮埃蒙特（Piedmont）、威尼托（Veneto）。

（3）德国：莱茵酒区（Rhine）、摩舍尔酒区（Moseley）。

（四）法国葡萄酒划分等级

A.O.C：一级，法定产区葡萄酒。

V.D.Q.S：二级，优良地区餐酒。

Vin De Pays：三级，地区餐酒。

Vin De Table：四级，日常餐酒。

（五）葡萄酒的最佳饮用温度

（1）红葡萄酒：常温。

（2）白葡萄酒：8 ～ 10 ℃。

（3）玫瑰红：12 ～ 16 ℃。

（六）葡萄酒的饮用顺序

（1）香槟和白葡萄酒在饭前作开胃酒喝，红白葡萄酒佐餐时喝，干邑在饭后配甜点喝。

（2）白葡萄酒先喝，红葡萄酒后喝。

（3）清淡的葡萄酒先喝，口味重的葡萄酒后喝。

（4）年份短葡萄酒先喝，年份长的葡萄酒后喝。

（5）不甜的葡萄酒先喝，甜味葡萄酒后喝。

（七）葡萄酒与餐食搭配原则

红酒配红肉，白酒配白肉。

（八）葡萄酒的饮用与服务

1．红葡萄酒

酒杯的选择：选用郁金香型高脚杯。郁金香高脚杯的杯身容量大，葡萄酒可以自由呼吸；杯口略收窄，酒液晃动时不会溅出来，且香味可以集中到杯口。

选用高脚杯的理由：持杯时，可以用拇指、食指和中指捏住杯茎，手不会碰到杯身，避免手的温度影响葡萄酒的最佳饮用温度。

红葡萄酒的具体服务方法：

步骤一：服务时，根据客人需求取酒，首先将红酒放入红酒篮中，保持酒标在上，同时配一条餐巾。

步骤二：将酒与所需物品一同拿到客人座位的右侧，用左手托住酒篮（酒瓶）的底部，右手托住酒篮，使酒瓶呈45º倾斜，向客人展示商标并与客人确认是否开启红葡萄酒。

步骤三：待客人允许后方可开瓶，在客人的右侧为客人斟酒至酒杯的1/5处，并请客人品评。可根据客人需要给客人醒酒。

步骤四：若有宾客，待主人同意后，按女士优先原则，主人最后的顺序依次斟酒，控制酒量在3/4，倒完后将酒瓶放回红酒篮，商标在上。根据客人需要，随时为客人添加。

2．白葡萄酒

酒杯的选择：小号的郁金香型高脚杯。白葡萄酒饮用时温度要低，白葡萄酒一旦从冷藏的酒瓶中倒入酒杯，其温度会迅速上升。为了保持低温，每次倒入杯中的酒要少，斟酒次数要多。

具体服务方法：

步骤一：服务时，根据客人需求取酒，将1/3冰块和1/2的冰水放入冰桶，将其放于冰桶架上，同时取一条餐巾。

步骤二：将酒与所需的物品一同拿到客人座位的右侧，用餐巾将酒瓶包好仅剩下酒标，向客人展示酒标并与客人确认是否开启白葡萄酒。

步骤三：待客人允许开瓶后将酒瓶再次放入冰桶中，左手握住酒瓶，右手借助开瓶器开启木塞，将开出的木塞放入客人的白葡萄酒杯的右侧。

步骤四：请客人品评酒的质量，从主人的右侧为其倒酒，倒入杯中的量为酒杯的1/5。

步骤五：若有宾客，待主人允许后，按先女后男，主人最后的顺序依次倒入杯中，控制酒量在3/4，倒完后将酒瓶以商标在上放回冰桶。根据客人需要，随时为客人添加。

3．香槟（气泡葡萄酒）

酒杯的选择：杯身纤长的直身杯或敞口杯。选择此类酒杯是为了让酒中金黄色的美丽气泡上升过程更长，从杯体下部升至杯顶的线条更长，让人欣赏和遐想。

三、工具认识

开葡萄酒用葡萄酒开瓶钻（Corkscrew）。

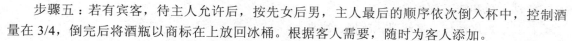

🖎 思考与练习

（1）请简述红葡萄酒、白葡萄酒、桃红葡萄酒酿造工艺的区别。

（2）简述红葡萄酒服务与白葡萄酒服务的要点。

（3）世界著名的葡萄酒产区有哪些？

任务六　调制长岛冰茶鸡尾酒

学习目标

- 能够根据长岛冰茶鸡尾酒的调制配方独立完成操作。
- 认识朗姆酒，并能够独立完成朗姆酒的服务。

长岛冰茶鸡尾酒为一类调和鸡尾酒的通称，起源于冰岛。据说在 20 世纪 20 年代美国禁酒令期间，酒保将烈酒与可乐混成一杯看似茶的饮品。还有一种说法是在 1972 年，由长岛橡树滩客栈（Oak Beach Inn）的酒保发明了这种以四种基酒混制出来的饮料。

一、鸡尾酒：长岛冰茶（Long Island Iced Tea）

完成长岛冰茶鸡尾酒的制作

名　称：长岛冰茶。

材　料：辛辣金酒 15 ml、朗姆酒 15 mL、伏特加 15 mL、龙舌兰酒 15 mL、橘橙酒 5 mL、柠檬汁 30 mL、砂糖 2 茶勺、可乐、柠檬、冰块。

方　法：兑和法。

工　具：鸡尾酒杯、量酒器、冰桶、冰夹。

步　骤：

（1）将适量冰块放入杯中。

（2）将柠檬汁、橘橙酒倒入杯中。

（3）将伏特加、朗姆酒、金酒、龙舌兰酒注入杯中。

（4）轻微摇晃酒杯，使酒水混合。

（5）用可乐慢慢调和至产生类似红茶的颜色。

（6）用柠檬片装饰。

特　点：虽名为长岛冰茶，但并无茶的元素，反之口味辛辣。

二、朗姆酒

法国传教士拉巴（Jean Baptiste Labat 1663—1738）看到岛上处于原始生活状态的居民用甘蔗

汁制作一种刺激性的烈性饮料。喝后能使人兴奋并能消除疲劳。这种饮料是经发酵而成的。欧洲人早在18世纪就知道了这种方法。后经过海盗、商人传来古巴。其中以弗朗西斯·德雷克最为出名，是他把用甘蔗烧酒作为基酒的一种大众饮用酒称作德拉盖（Draque）。

朗姆酒也被称为糖酒，是制糖业的一种副产品。

（一）朗姆酒的生产工艺

材料：以甘蔗作原料。

工艺：将用甘蔗压出来的糖汁先制成糖蜜，然后再经发酵、蒸馏而成。原酒在橡木桶中储存三年以上而成。

特点：朗姆酒酒色呈微黄、褐色，具有细致、甜润的口感，芬芳馥郁的酒精香味。

（二）根据原料和酿制方法分类

1. 银朗姆（Silver Rum）

银朗姆又称白朗姆，是将蒸馏后的酒经活性炭过滤后入桶陈酿一年以上制得。酒味较干，香味淡薄。

2. 金朗姆（Gold Rum）

金朗姆又称琥珀朗姆，是将蒸馏后的酒存入内侧灼焦的旧橡木桶中至少陈酿三年制得。酒色较深，酒味略甜，香味较浓。

3. 黑朗姆（Dark Rum）

黑朗姆又称红朗姆，是指在生产过程中需加入一定的香料或焦糖调色剂的朗姆酒。酒色较浓（呈深褐色或棕红色），酒味芳醇。酒精度为38～50度。

（三）根据风味特征将朗姆酒分类

1. 浓香型

首先将甘蔗糖澄清，再加入能产丁酸的细菌和产酒精的酵母菌，发酵10天以上，用壶式锅间歇蒸馏，得含酒精86%左右的无色原朗姆酒，在木桶中贮存多年后勾兑成金黄色或淡棕色的成品酒。

2．轻香型

甘蔗糖只加酵母，发酵期短，塔式连续蒸馏，产出含酒精95%的原酒，贮存勾兑，成浅黄色到金黄色的成品酒，以古巴朗姆为代表。

（四）名厂名品

波多黎各的百加地（Bacardi），牙买加的摩根船长（Captain Morgan）、美雅士（Myers）等均有大家熟知的名品。

（五）朗姆酒的饮用与服务

在生产朗姆酒的国家或地区，大多喜欢纯饮，事实上这是品尝朗姆酒最好的方法。而在美国，常用朗姆酒来调制鸡尾酒。

 **思考与练习**

朗姆酒按酿制方法可分为哪几类？

任务七　调制红眼睛鸡尾酒

学习目标

• 能够根据红眼睛鸡尾酒的调制配方独立完成操作。

• 认识啤酒，学会区分啤酒和啤酒的服务方法。

一、鸡尾酒：红眼睛（Red Eye）

完成红眼睛鸡尾酒的制作

名　称：红眼睛。

材　料：啤酒 1/2、番茄汁 1/2。

方　法：兑和法。

工　具：长匙、平底杯。

步　骤：

（1）将冻好的番茄汁倒入平底杯。

（2）将冻好的啤酒倒入平底杯。

（3）搅拌均匀即可。

特　点：口感上有苦味和番茄汁的酸味。

二、啤酒（Beer）

啤酒的起源与谷物的起源密切相关，人类使用谷物制造酒类饮料已有8000多年的历史。已知最古老的酒类文献，是公元前6000年左右巴比伦人用黏土板雕刻的献祭用啤酒制作法。公元前4000年美索不达米亚地区已有用大麦、小麦、蜂蜜制作的16种啤酒。

啤酒是人类最古老的酒精饮料，是水和茶之后世界上消耗量排名第三的饮料。

（一）生产工艺

材料：麦芽、啤酒花、水酵母。

工艺：以麦芽为主原料，加啤酒花经酵母发酵配制出含有二氧化碳的低酒精度饮料。

（二）啤酒的分类

（1）按啤酒发酵特点分：上发酵和下发酵（底部发酵）。

（2）按颜色分：

浅啤：酒色呈淡黄色或棕黄色。

浓啤：酒色呈棕红色。

黑啤：酒色呈深红色甚至于黑色。

（3）按是否杀菌或工艺分：

生啤：生啤不需经过高温杀菌，直接装瓶销售，通常保质期 7 天。

熟啤：经过高温杀菌之后才装瓶上市，常规保质期为 90 天。

（三）啤酒酒度的理解

啤酒标签上通常所标注的 8 度、10 度、12 度等，这里的度并不是通常意义上所指的酒精含量，而是指发酵时原料中麦芽汁的糖度。

（四）名厂名酒

名厂名酒：喜力（荷兰）、嘉士伯（丹麦）、百威（美国）、健力士（爱尔兰）、科罗娜（墨西哥）、青岛（中国）、慕尼黑（德国）。

（五）啤酒的饮用与服务

为客人提供啤酒服务，注意三个服务方法的标准：

（1）温度的选择：啤酒的最佳饮用温度一般是在 8℃至 10℃之间，更高级的啤酒的最佳饮用温度一般是在 12℃上下，但应遵循客人的选择。

（2）酒杯的选择：杯口大、杯底小的平底杯，带手柄的扎啤杯，高或矮脚的啤酒杯。

（3）倒啤酒方法的选择：取出啤酒，确保酒瓶干净，将啤酒商标请客人过目，并与客人确认是否可以提供倒酒服务。在倒啤酒时啤酒杯直立，将酒倒入酒杯中央，酒杯内的酒保持泡沫刚好超过杯沿，保持在 2.5 ~ 5 cm，服务完后将啤酒瓶放在啤酒旁或餐桌上。

 **思考与练习**

（1）啤酒按生产工艺可分为哪几类？

（2）啤酒按颜色可分为哪几类？

（3）世界有名的啤酒品牌有哪些？

（4）如何为客人提供啤酒饮用服务？

鸡尾酒调制考核

项　目	要求及评分标准	分　值	扣　分	得　分
鸡尾酒的调制	严格按照规定配方调制鸡尾酒	15		
	下料程序正确	10		
	调酒器具保持干净、整齐	10		
	酒水使用完毕，旋紧瓶盖，复归原位	15		
	调制后的鸡尾酒层次分明，瑰丽可人	10		
	调酒操作姿态优美，手法干净卫生	10		
	物品落地、物品碰倒	10		
	倒酒酒	10		
	操作过程流畅	10		
总　分		100		

单元四
学会用摇和法调制鸡尾酒

　　电影《鸡尾酒》上映后，汤姆·克鲁斯的魅力让那些爱好调酒的调酒师们都兴奋地飞甩起了酒壶，千变万化的动作，巧妙的手法，像是一幅会动的画，牵动着很多人的思绪。

任务一 摇和法的基础知识

学习目标

- 认识摇和法，懂得摇和法所需的调酒工具，掌握调酒壶、滤冰器的使用方法。
- 能够独立完成单手摇和、双手摇和的操作。

成就一杯完美鸡尾酒的关键：正确的操作、正确的配方、正确的杯具、优质的材料和漂亮的装饰。

一、摇和法（Shake）

摇和法是调制鸡尾酒最常见一种的方法，将冰块、酒类材料及各种辅料等放入调酒壶内，盖上滤冰盖和壶盖，然后来回摇晃，使其充分混合即可。摇和法适用于酒精度较高的基酒，使用这种方法来调制鸡尾酒，可以很快使材料混合均匀，且调出的鸡尾酒口感十分柔和。

二、调酒工具认识

1．调酒壶分类

（1）英式调酒壶也称三段式调壶。由壶身、过滤网、壶盖三部分组成，容量有 250 mL、500 mL、750 mL 三种规格。

（2）美式调酒壶也称波士顿调酒壶或花式调酒壶，由金属壶身和上盖两部分组成。

2．调酒壶使用方法

（1）单手摇和法。通常情况下，使用小壶时选用单手摇和法进行调制：右手握壶，食指紧压壶盖，拇指和其他手指紧握壶身，斜向上下均匀摇动，高度不可超过头顶。

（2）双手摇和法。当使用大容量的调酒壶时，采用双摇和法进行调制：用右手大拇指紧压壶盖，左手中指和无名指抵住壶底，其他手指握住调酒壶壶身；手持调酒壶，两臂略抬起，壶盖朝向胸前，壶底朝外，并略向上方，成推进姿势，来回摇晃（重复4～6次）。

3．判断调酒时间长短

当金属酒壶壶身出现白色的霜时，摇壶调酒的动作就可停止。

4．斟酒方法

（1）小壶斟酒方法：右手握壶，左手拧盖，让酒液透过滤冰盖倒入载杯。

（2）大壶斟酒方法：左手握壶，右手拧盖斟酒。

5．使用调酒壶时应注意

（1）摇晃时速度要快并有节奏感。

（2）用冰夹取冰块，放入调酒壶。

（3）将材料以量酒器量出正确分量后，按序倒入调酒壶中。

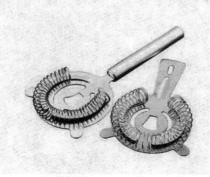

▋三、滤冰器（Strainer）

用于过滤冰块，通常由不锈钢制成。

思考与练习

调酒壶有哪几种？简述各自的具体使用方法。

任务二　调制红粉佳人鸡尾酒

学习目标

• 掌握红粉佳人制作所需的配方及比例，根据所学过的摇和法的操作，独立完成红粉佳人鸡尾酒的制作。

• 认识金酒的生产工艺，学会区分金酒，并能够规范地为客人服务金酒。

传说公元 1912 年，红粉佳人是鸡尾酒界献给当时在伦敦演出相当轰动的舞台剧"粉红佳人"（Pink Lady）的女主角的特制鸡尾酒，从此名闻遐迩。

▋一、鸡尾酒：红粉佳人（Pink Lady）

完成红粉佳人鸡尾酒的制作

名　称：红粉佳人。

材　料：金酒 30 mL、柠檬汁 15 mL、红石榴糖浆 7.5 mL、蛋白 1 个。

方　法：摇和法。

工　具：调酒壶、鸡尾酒杯、量酒器、长匙、冰桶、冰夹。

步 骤：

（1）取适量冰块（3～5块）放入调酒壶内。

（2）将蛋白倒入调酒壶内。

（3）倒入柠檬汁和红石榴糖浆。

（4）倒入金酒 30 mL。

（5）盖好滤冰盖与壶盖，摇混至外部结霜即可。

（6）将鸡尾酒里的冰块倒掉，滤入鸡尾酒杯。

（7）用红樱桃进行装饰。

特 点：颜色鲜红美艳，酒味芳香，似极了粉红佳人一般，此款酒适合女性。

二、金酒（Gin）

金酒又名杜松子酒、毡酒、琴酒。

金酒的出现源于荷兰的法兰西斯·西尔维亚斯教授。西尔维亚斯教授研究发现杜松子油里有一种物质可以利尿，于是将杜松子浸于酒精中，逐渐演变成将杜松子加酒精一起蒸馏，以得到更便宜的药品。在这样一个偶然的过程中，杜松子酒慢慢为人们所接受，并传入英国，所以又名杜松子酒。

（一）金酒的生产工艺

材 料：主要是以大麦、玉米、杜松子等原料酿制而成。

产 地：荷兰、英国。

特 点：酒体透明清亮，酒香和香料香味明显，个性鲜明，酒度在 50 度左右。

（二）金酒的分类

1．按国家分类

荷式金酒：金酒是荷兰人的国酒，主要集中在斯希丹和阿姆斯特丹两地。

英式金酒：金酒的闻名在英国，主要生产地集中在伦敦。

2．按口味风格分类

干金酒（辣味金酒）：辣味金酒质地较淡、清凉爽口，略带辣味。

老汤姆金酒（加甜金酒）：在辣味金酒中加 2% 的糖份，使其带有怡人的甜辣味。

荷兰金酒：具有浓烈的杜松子气味外，还具有麦芽的芬芳，不宜做混酒。

果味金酒（芳香金酒）：在干金酒中加入成熟的水果和香料。

（三）名厂名品

（1）荷兰名品：亨克斯（Henkes）、波尔斯（Bols）、波克马（Bokma）、邦斯马（Bomsma）、哈瑟坎坡（Hasekamp）。

（2）英国名品：英国卫兵（Beefeater）、歌顿金（Gordon's）、吉利蓓（Gilbey's）、仙蕾（schenley）、坦求来（Tangueray）、伊利莎白女王（QueenElizabeth）、老女士（Old Lady's）、老汤姆（Old Tom）、博士（Booth's）、普利莫斯（Plymouth）。

（四）金酒的饮用服务

金酒可冰镇后纯饮，也有部分客人喜欢将之用于混饮。

思考与练习

（1）金酒又称为什么？

（2）金酒的名品有哪些？

任务三　调制新加坡司令鸡尾酒

学习目标

• 掌握新加坡鸡尾酒制作所需的配方及比例，根据所学过的摇和法的操作，独立完成其制作。

• 懂得鸡尾酒调制比例，学会换算，并能将其运用在调酒操作中。

• 了解白兰地，并学会识别。

新加坡司令鸡尾酒是发明者 Ngiam Tong Boon（严崇文）于 1915 年间担任新加坡莱佛士酒店 Long Bar 酒吧的酒保时调配。配方几经变更，目前版本的配方据说是由严的侄子改良定稿的。

一、鸡尾酒：新加坡司令（Singapore Sling）

完成新加坡司令鸡尾酒的制作

名　称：新加坡司令。

材　料：柠檬汁 20 mL、樱桃白兰地酒 10 mL、冰镇苏打水 60 mL、金酒 30 mL、糖浆 1 茶匙、冰块、柠檬。

方　法：摇和法。

工　具：调酒壶、平底杯、量酒器、长匙、冰桶、冰夹。

步　骤：

（1）将 4～6 块冰块入入调酒壶中。

（2）倒入糖浆。

（3）倒入柠檬汁。

（4）倒入樱桃白兰地。

（5）倒入金酒后，摇晃均匀。

（6）在平底杯中放入半杯冰块，滤入调好的鸡尾酒。

（7）用苏打水加至九分满，并用樱桃、柠檬皮装饰。

特 点：口感清爽的金酒酒配上热情的樱桃白兰地，口感更舒畅。

二、调制鸡尾酒时的量度换算

1 oz = 28 mL，1 美液盎司约等于 28 毫升。

1 bsp = 1/8 oz，1 茶匙等于 1/8 美液盎司。

1 pint = 16 oz，1 美液品脱等于 16 美液盎司。

1 dash = 0.6 mL，1 点约等于 0.6 毫升或等于 3 至 6 滴。

三、白兰地

13 世纪那些到法国沿海运盐的荷兰船只将法国干邑地区盛产的葡萄酒运至北海沿岸国家，这些葡萄酒深受欢迎。至 16 世纪，由于葡萄酒产量的增加及海运的途耗时间长，使法国葡萄酒变质滞销。这时，聪明的荷兰商人利用这些葡萄酒作为原料，加工成葡萄蒸馏酒，这样的蒸馏酒不仅不会因长途运输而变质，并且由于浓度高反而使运费大幅度降低。葡萄蒸馏酒销量逐渐大增，荷兰人在夏朗德地区所设的蒸馏设备也逐步改进，法国人开始掌握蒸馏技术，并将其发展为二次蒸馏法，但这时的葡萄蒸馏酒为无色，也就是现在的被称之为原白兰地的蒸馏酒。

1701 年，法国卷入了一场西班牙的战争，期间，葡萄蒸馏酒销路大跌，大量存货不得不被存放于橡木桶中，然而正是由于这一偶然，产生了白兰地。战后，人们发现储存于橡木桶中的白兰地酒质实在妙不可言，香醇可口，芳香浓郁，那色泽更是晶莹剔透，呈琥珀般的金黄色，如此高贵典雅。至此，产生了白兰地生产工艺的雏形（发酵、蒸馏、贮藏），也为白兰地发展奠定了基础。

（一）白兰地定义

白兰地也被誉为"生命之水"，通常有广义与狭义之分。若以水果为原料，经发酵、蒸馏、贮存酿制而成的为广义白兰地，通常会在白兰地之前加上水果名称，如苹果白兰地 (Apple Brandy)；若以仅以葡萄为原料，同样经发酵、蒸馏、贮存酿制而成的为狭义的白兰地，也是我们平常理解的白兰地。

（二）白兰地的特点

酒体：白兰地在生产后因长时间贮存在橡木桶中，使酒体呈琥珀色，富有光泽，酒度在 40 度左右。

酒香：白兰地有一种特殊的芳香，高雅、醇和。

口感：色泽金黄晶亮，具有优雅细致的葡萄果香和浓郁的陈酿木香，口味甘冽，醇美无瑕，余香萦绕不散。

（三）白兰地与橡木桶

白兰地的贮存非常讲究，橡木桶便成为存酒的首选，因其对酒质影响很大，所以对橡木桶的选择要求就非常高，常以法国干邑地区的利穆赞和托塞思两地所产的橡木为最优。

白兰地原酒贮存于橡木桶中，会发生一系列变化，随着时间的推移，酒体开始变得高雅、柔和、醇厚、成熟。在葡萄酒行业，这叫"天然老熟"。在这个"天然老熟"过程中，会发生颜色和口味的变化。白兰地原酒都是无色透明的，它在贮存时不断吸附橡木桶的木质成分，加上白兰地所含的单宁成分被氧化，经过五年、十年以至更长时间，逐渐变成金黄色、深金黄色到浓茶色。新蒸馏出来的原白兰地口味暴辣，香气不足，它从橡木桶的木质素中抽取橡木的香气，与自身单宁成分氧化产生的香气结合起来，形成一种白兰地特有的奇妙的香气。

（四）白兰地等级图示酒标

在生产白兰地的国家，政府为了保证酒的质量将白兰地分为四个等级，特级（X.O）、优级（V.S.O.P）、一级（V.O）和二级（三星和V.S）。其中，X.O酒龄为20～50年，V.S.O.P酒龄为6～20年，V.O最低酒龄为3年，二级最低酒龄为2年。X.O与年份酒是有区别的，年份酒是指某年收获的葡萄酿制的葡萄酒。X.O不是一种品牌，它是给干邑等用葡萄做的烈性酒定的一种等级。它是根据酒在橡木筒里存放的时间长短而定的。X.O是存放时间最长的，X.O就是陈年老酒的英文缩写，其次是X.O.P、V.S，存放时间最短的就是拿破仑。

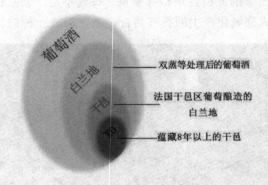

大写字母C、E、F、O、P、S、V和X通常被用来表示不同的类别：
C——cognac，干邑；E——Especial，特别的；F——fine，好；
O——old，老的；P——pale，淡的；S——Superior，上好的；
V——very，非常的；X——Extra，格外的。

将这些字母混合起来则表示不同等级的白兰地，如：V.S.O.P就是very Superior old pale，这就表示该酒在橡木桶中至少贮存4年以上。当然，还有一些专用词来表示酒龄的，如：拿破仑（Napolen），其酒龄则至少需要6年；凡是酒龄大于20年的则为顶级（Paradise）或者路易十三（Louis XⅢ）。以上等级标志仅表示每个等级中酒的最低酒龄，而最高酒龄的却并没有在酒标上显示，且白兰地的最好保存就是在室温下。

（五）世界名优白兰地

1. 法国干邑（cognac）白兰地

法国联邦政府鉴定"干邑"的标准：必须是在法国干邑区生产的葡萄，将此葡萄酿造的白兰地蒸馏得到的酒。干邑的品质之所以超过其他的白兰地，不仅是因为该地区的特殊蒸馏技巧，更因为在夏郎德河流域约有 10 万公顷得天独厚的砂垩土，以及温和的气候，该地为法国最著名的葡萄产区。所以法国政府才给予特别的称号"特优级香槟干邑白兰地"，并受到法律保护，任何酒商不能随意使用，仅有人头马生产的全部产品都拥有此殊荣。

干邑白兰地采用特殊的干邑蒸馏法蒸馏而成，蒸馏器皆以纯铜所制，每次蒸馏时长达 12 小时，经过第二次蒸馏后的酒，法国人才称之为"生命之水"，再经过悠长岁月的熏陶久藏，才能配以干邑白兰地的美名。葡萄酒的蒸馏也必须在当年的 12 月到次年的 4 月之前完成，以防止气候变暖影响酒质。每 9 L 葡萄酒在历经两次蒸馏后，才能产出 1 L 干邑白兰地。

2．干邑白兰地中富有代表性的品牌

干邑白兰地中富有代表性的品牌：马爹利 (Martell)、轩尼诗 (Hennessy)、人头马 (Remy martin)、百事吉（Bisquit）、金花（Camus）、长颈（F、O、V）、豪达（Otard）等。

（1）马爹利 (Martell)。马爹利 (Martell) 是产自法国干邑地区的著名干邑白兰地品牌，也是世界上最古老、最驰名的白兰地酒。它是以其创始人的名字命名的，始创于 1715 年，由一位来自 (Island of Jersey) 的年青人 Jean Martell 创立。

（2）轩尼诗 (Hennessy)。1765 年爱尔兰人李察·轩尼诗在法国康那克地方创立了轩尼诗公司。轩尼诗最早使用能够证明产品级别及品质的星号，并且获得极高评价，后来轩尼诗就成了白兰地酒的代名词，一直存在至今。

（3）人头马 (Remy martin)。人头马酒庄是世界公认的特优香槟干邑产地。它创建于 1724 年，人头马公司也是唯一自己种植葡萄的公司。1874 年将人马星座标志正式注册为公司的商标。

思考与练习

（1）请简述白兰地的定义。

（2）大写字母 C、E、F、O、P、S、V 和 X 分别代表什么样的等级？

（3）请简述白兰地的饮用与服务方法。

任务四　调制蓝色玛格丽特鸡尾酒

学习目标

• 掌握蓝色玛格丽特鸡尾酒制作所需的配方及比例，根据所学过的摇和法的操作，独立完成其制作。

• 懂得鸡尾酒的装饰方法，能够根据所制作的鸡尾酒对其进行完美装饰。

关于蓝色玛格丽特的起源，有一个凄美的爱情故事。这款鸡尾酒曾经是 1949 年全美鸡尾酒大赛的冠军，它的创造者是洛杉矶的简·杜雷萨，玛格丽特是他已故恋人的名字。在 1926 年，简·杜雷萨和他的恋人外出打猎，玛格丽特不幸中流弹身亡。简·杜雷萨从此郁郁寡欢，为了纪念爱人，将自己的获奖作品以她的名字命名。而调制这种酒需要加盐，据说也是因为玛格丽特生前特别喜欢吃咸的东西。

▎一、鸡尾酒：蓝色玛格丽特（Blue Margaret）

完成蓝色玛格丽特鸡尾酒的制作

名　称：蓝色玛格丽特。

材　料：龙舌兰 42 mL、蓝橙酒 15 mL、柠檬汁 56 mL、冰块、盐、柠檬。

方　法：摇和法。

工　具：调酒壶、吸管、玛格丽特杯、量酒器、冰桶、冰夹。

步　骤：

（1）将冰块放入调酒壶中。

（2）倒入柠檬汁。

（3）倒入蓝橙酒。

（4）倒入龙舌兰酒，摇晃均匀。

（5）将调好的鸡尾酒滤入做好盐边的玛格丽特杯中。

（6）用柠檬片装饰。

特　点：清淡的柠檬香，口感较刺激，适合于餐前饮用。

二、鸡尾酒装饰物的制作

（一）柠檬 / 橙子切片

（1）切去柠檬（橙子）两端，按照 1/3 cm 的厚度切片，形成圈形切片。

（2）切去柠檬（橙子）两端，横切中心一分为二，再按照 1/3 cm 的厚度切片，形成半月形柠檬片。

半月形柠檬（橙子）片挂杯口：在半月中间纵切 2 cm 左右切口，挂于杯口即可。

（二）柠檬 / 橙子切角

（1）将半月形柠檬（橙子）片再进行 1/2 切割就可以得到柠檬（橙子）角。

（2）特殊柠檬（橙子）角是将整个柠檬（橙子）1/4 切开后，再从中间进行一次 1/2 切割所形成。

（三）制作柠檬（橙子）条、卷步骤

（1）切去柠檬（橙子）两端，切成两半，然后用吧匙把果肉挖掉。

（2）将柠檬（橙子）皮，按平均 1/2 cm 的宽度切成条状。

（3）将条状柠檬（橙子）条，紧紧缠绕在搅棒或吧匙上，25 s 左右取下，就可得到弯曲有型的柠檬（橙子）卷。

（4）特殊柠檬（橙子）卷，也可直接用削皮器制作。

（四）制作菠萝块（角）的方法

选择成熟的菠萝将前端的带刺绿叶去掉，是否去皮则根据装饰的需要决定，在去皮时需将菠萝的凹窝处清理干净。将整个菠萝分切成 4 块后横向切割成菠萝角。也可在分割成 4 块后将中心果心去掉，然后再横向切割成弧形菠萝块。菠萝可以与车厘子利用牙签串接在一起运用。

（五）制作芹菜杆的方法

选择品质新鲜的西芹，将根部去掉后洗净，再根据酒杯的高度确定切割长短。将制作好的芹菜杆置于冰水中或用保鲜膜封好，以防变黄或变蔫。

（六）鸡尾酒果签与水果的组合

（1）可将果签从柠檬片一端穿过，再将车厘子穿过，最后再穿过柠檬片另一端，横置于载杯杯口。

（2）可用果签穿两个鸡尾小洋葱或青橄榄放置于酒液中，既是装饰又调味。

思考与练习

简述菠萝块（角）的制作方法。

任务五 调制曼哈顿鸡尾酒

学习目标

• 掌握曼哈顿鸡尾酒制作所需的配方及比例，根据所学过的摇和法的操作独立完成其制作。

• 了解威士忌，懂得识别此酒，并懂得如何为客人进行此款酒的服务。

1874 年，为了祝贺刚刚被选举为纽约州长的 Samuel J Tilden，社交名流 Jenny Jerome 在纽约的曼哈顿 Club 举行了一个酒会。她想为这一特殊的场合调制一种比较特殊的饮料，并把这告诉了调酒师。调酒师把威士忌、苦艾酒和少量的苦酒混合在一起，这种饮料征服了酒会上的所有人，Jenny Jerome 非常高兴，并把这种新的酒称为 The Manhattan。这款曼哈顿鸡尾酒被推举为"鸡尾酒皇后"。

一、鸡尾酒：曼哈顿（The Mahattan）

完成曼哈顿鸡尾酒的制作

名 称：曼哈顿。

材 料：黑麦威士忌（或加拿大威士忌)56 mL、甜味美思 14 mL、干味美思 14 mL、安哥斯图拉苦酒 1 大滴、甜味樱桃 1 颗。

方 法：摇和法。

工 具：调酒壶、量酒器、冰桶、冰夹、滤冰器、调酒匙、酒签、马提尼杯。

步 骤：

（1）将冰块加入调酒壶。

（2）将安哥斯图拉苦酒注入调酒壶。

（3）将甜味美思、干味美思注入调酒壶。

（4）将威士忌注入调酒壶，摇和均匀。

（5）将调好的鸡尾酒滤入鸡尾酒杯。

（6）用酒签穿好甜味樱桃装饰。

特 点：美国威士忌或加拿大威士忌是调制这款鸡尾酒最好的选择。香味浓馥，甘甜可口，宜于女性饮用，但是应该注意其酒精度也较多。

二、威士忌（Whisky / Whiskey）

公元 12 世纪，爱尔兰岛上已有一种以大麦作为基本原料生产的蒸馏酒，其蒸馏方法是从西班牙传入爱尔兰的。这种酒含威士忌芳香物质，具有一定的医药功能。

公元 1171 年，英国国王亨利二世（1154—1189 在位）出兵爱尔兰，并将这种酒的酿造法带到了苏格兰。当时，居住在苏格兰北部的盖尔人（Gael）称这种酒为 Uisge Beatha，意为"生命之水"。这种"生命之水"即为早期威士忌的雏形。

（一）生产工艺

材料：以大麦、黑麦、燕麦、小麦、玉米等谷物为原料。

工艺：经发酵、蒸馏后放入橡木桶中陈酿多年而成。

特点：酒度为 43 度左右，酒体呈琥珀色，英国人称之为"生命之水"。

（二）世界著名的四大威士忌

1. 苏格兰威士忌

是用一种特殊的泥炭熏过的大麦麦芽做原料，经过发酵蒸馏成为一种不掺杂其他原料的麦芽威士忌，其酒度很高。

特点：色泽棕黄带红、酒液透明，气味焦香，略有烟熏味道，富有浓烈的苏格兰乡土气息，口感干冽醇厚，圆正绵柔，是威士忌中的上品。

2. 波本威士忌（Bourbon whiskey）

以玉米、大麦为主要原料，经过发酵、蒸馏后在橡木桶内陈酿 2 ～ 4 年，酒精度为 43 度以上。

特点：酒度高，在酒度 40 ～ 62.5 度，颜色呈棕红色，清香幽雅，口感醇厚绵柔，回味悠长。

3．爱尔兰威士忌（Irish whisky）

是以大麦、燕麦、小麦和黑麦作为主要生产材料,经过三次蒸馏,陈酿8～15年后装瓶上市,其生产方法基本与苏格兰威士忌相同。

特点：无泥炭的烟熏味,酒度约为40℃左右。

4．加拿大威士忌（Canadian Club）

加拿大威士忌以玉米、黑麦、大麦、等材料,主要特点是讲究气候、土壤、原材料品种、水质等,蒸馏出来,即时混合。

特点：清淡香醇。

（三）按原料及酿造方法分类

（1）纯麦芽威士忌(Pure malt Whisky)：只用大麦作原料酿制而成的蒸馏酒叫纯麦芽威士忌。纯麦芽威士忌是以在露天泥煤上烘烤的大麦芽为原料,但由于味道过于浓烈,所以只有10%直接销售,其余约90%的作为勾兑混合威士忌酒时的原酒使用。

（2）谷物威士忌（Grain Whisky）：采用多种谷物作为酿酒的原料,如燕麦、黑麦、大麦、小麦、玉米等。谷物威士忌酒主要用于勾兑其他威士忌酒和金酒,市场上很少零售。

（3）兑和威士忌（Blended Whisky）：兑和威士忌又称混合威士忌,是指用纯麦芽威士忌和混合威士忌掺兑勾和而成的。

（四）名厂名品

（1）苏格兰名品：珍宝（J&B）、强尼沃克（Johnnie walker）、金铃（Bells）、老牌（Old Parr）。

（2）爱尔兰名品：詹姆士（Jameson）、米德尔敦（Middleton）。

（3）美国名品：四玫瑰（Four Roses）、怀德塔基（Wild Turkey）。

（4）加拿大名品：皇冠（Crown Royal）。

（五）威士忌饮用与服务

（1）纯饮：最能体现威士忌本色的饮用方法,酒会直接刺激到口腔里的每一个味蕾。

（2）加冰块：可以起到稀释的作用，口感更好，还可增加视觉美。

（3）加苏打水：威士忌的浓醇、馥郁配合苏打水的灵动、倔强。入口时，味蕾享受到的是一种前所未有的释放性乐趣，而整个人享受到的也是一种前所未有的超然快感。

思考与练习

（1）威士忌按原料可分为哪几类？

（2）请简述威士忌饮用与服务。

任务六　调制边车鸡尾酒

学习目标

- 掌握边车鸡尾酒制作所需的配方及比例，根据所学过的摇和法的操作独立完成其制作。
- 认识调制鸡尾酒中常用的汽水和果汁，懂得如何搭配。

在第一次世界大战的军队里，军官们时常坐在摩托车旁边的座位里到处巡查和下酒馆饮酒。于是，Holy Mike 专门为这些军官们调制了这款鸡尾酒，并给它取名为边车（Sidecar）。

一、鸡尾酒：边车（Sidecar）

完成边车鸡尾酒的制作

名　称：边车（也叫旁车）。

材　料：白兰地 42 mL、君度橙酒 7 mL、柠檬汁 7 mL、冰块、红樱桃。

方　法：摇和法。

工　具：调酒壶、量酒器、冰桶、冰夹、滤冰器、调酒匙、酒签、鸡尾酒杯。

步　骤：

（1）将冰块加入调酒壶。

（2）将君度橙酒注入调酒壶。

（3）将白兰地注入调酒壶，摇和均匀。

（4）将调好的鸡尾酒滤入鸡尾酒杯，饰以红樱桃。

特点：这款鸡尾酒带有酸甜味，口味清爽，可在一定程度上缓解疲劳。

二、调制鸡尾酒中常用的五大汽水

苏打水（Soda Water）：大部分苏打水是在经过纯化的饮用水中压入二氧化碳，并添加甜味剂和香料的人工合成碳酸饮料。

通宁汽水（Tonic Water）：通宁浮屠水（又称印度通宁水）是一种汽水类的软性气泡饮料，使用以奎宁（Quinine，又称为金鸡纳霜）为主的香料进行调味，带有一种天然的植物性苦味，经常被用来与蒸馏酒类饮料调和。

姜汁汽水（Ginger Water)：带有姜味的汽水，有少许二氧化碳。

此外还有雪碧、七喜（7-UP）、可乐（Cola）也经常用到。

三、调制鸡尾酒中常用的果汁

调制鸡尾酒时常用的果汁有凤梨汁、柳橙汁、番茄汁、葡萄柚汁、苹果汁、椰子汁、芭乐汁等。

四、调制鸡尾酒中常用的配料

调制鸡尾酒时常用的配料有红石榴汁、柠檬汁、鲜奶、鲜奶油、蜂蜜等。

五、君度橙酒（Cointreau）

色泽：君度橙酒有水晶般的色泽，晶莹澄澈。

用料：它包含了果甜及橘皮香，其中交杂橘花、白芷根的香味。加上油加利木香及淡淡薄荷凉，综合而成丝丝令人难忘的余香。

口感：浓郁酒香中混以水果香味，鲜果交杂着甜橘的自然果香，而橘花、白芷根和淡淡的薄荷香味综合成了君度橙酒特殊的浓郁和不凡气质。

酒精浓度：40 度左右。

思考与练习

调制鸡尾酒时，常用汽水有哪些？

任务七　调制血腥玛丽鸡尾酒

学习目标

• 掌握血腥玛丽鸡尾酒制作所需的配方及比例，根据所学过的摇和法的操作独立完成其制作。

据说血腥玛丽的名字是源自于英格兰女王玛丽。在美国禁酒时，这款鸡尾酒在地下酒吧非常流行，有"喝不醉的番茄汁"的称号。

■ 鸡尾酒：血腥玛丽（Bloody Mary）

名　称：血腥玛丽。

材　料：伏特加 45 mL、番茄汁 200 mL、柠檬、芹菜根 1 根、黑胡椒粉、干辣椒粉、盐、柠檬汁。

方　法：摇和法。

工　具：调酒壶、量酒器、冰桶、冰夹、滤冰器、调酒匙、鸡尾酒杯

步　骤：

（1）首先要把鸡尾酒杯的杯口用柠檬片擦拭，再把其倒置于事先平铺好的一层细盐或由盐、胡椒粉的混合粉抹上，这样在杯口上沾上薄薄的一层"霜"。

（2）将冰块加入调酒壶。

（3）将番茄汁、辣椒油倒入调酒壶。

（4）将柠檬汁倒入调酒壶。

（5）将伏特加注入调酒壶，摇和均匀。

（6）将调好的鸡尾酒倒入鸡尾酒杯，再用切好的卷曲橙皮垂于杯沿，插上翠绿的西芹装饰。

特　点：独特、火辣的外观以及富有挑战的口感合在一起，造就了其经久不衰的魅力。

思考与练习

请描述制作血腥玛丽鸡尾酒时，挂霜的操作方法。

鸡尾调制考核

项　目	要求及评分标准	分　值	扣　分	得　分
鸡尾酒的调制	严格按照规定配方调制鸡尾酒	15		
	下料程序正确	10		
	调酒器具保持干净、整齐	10		
	酒水使用完毕，旋紧瓶盖，复归原位	15		
	调制后的鸡尾酒层次分明、瑰丽可人	10		
	调酒操作姿态优美，手法干净卫生	10		
	物品落地、物品碰倒	10		
	倒洒酒	10		
	操作过程流畅	10		
总　　分		100		

单元五

学会用分层法调制鸡尾酒

鸡尾酒的品种多样，手法各异。调制时巧妙地借助酒的密度与稠度的差别，让鸡尾酒文化变得更加神秘且有色彩。

任务一　调制悬浮式鸡尾酒

学习目标

- 认识新的鸡尾酒调制方法——分层法，理解分层的原因，学会运用分层的手法调制鸡尾酒。
- 掌握悬浮式鸡尾酒的调制配方，能够独立完成此款鸡尾酒的制作。

一、鸡尾酒：悬浮式威士忌（Whisky Float）

完成悬浮式威士忌鸡尾酒的制作

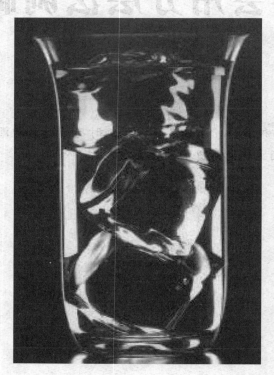

名　称：悬浮式威士忌。

材　料：威士忌 45 mL、矿泉水适量。

方　法：分层法。

工　具：平底杯、量酒器、冰桶、冰夹、调酒匙。

步　骤：

（1）将冰块加入酒杯中。

（2）将适量矿泉水倒入杯中。

（3）将威士忌引入杯中，悬浮于矿泉水之上。

特　点：这款鸡尾酒由矿泉水及威士忌构成的二层式鸡尾酒，非常漂亮。

二、分层法（Layer）调制鸡尾酒

分层法是一种为了让酒或材料能明显分出层次或色泽的调制方式。在调制过程中，必须按照材料浓度比重和酒精度高低来决定注入的先后顺序。调制时小心的将材料沿着杯缘轻缓地引入杯内。

思考与练习

（1）什么是分层法调制鸡尾酒？
（2）分层法调制鸡尾酒的原理是什么？

任务二　调制彩虹鸡尾酒

学习目标

• 掌握彩虹鸡尾酒的调制配方，能够独立完成此款鸡尾酒的制作。
• 学会品尝鸡尾酒。

一、鸡尾酒：彩虹酒（Pousse）

完成彩虹酒鸡尾酒的制作

名　称：彩虹酒。

材　料：红石榴糖浆 1/6、瓜类利口酒 1/6、紫罗兰酒 1/6、白色薄荷酒 1/6、蓝色薄荷酒 1/6、白兰地 1/6。

方　法：分层法。

工　具：利口杯、量酒器、冰桶、冰夹、调酒匙。

步 骤：

使用吧匙的背面，顶住杯子内壁，用量杯将材料轻轻沿匙顺杯壁引入。顺序为：

（1）红石榴糖浆；

（2）瓜类利口酒；

（3）紫罗兰酒；

（4）白色薄荷酒；

（5）蓝色薄荷酒；

（6）白兰地。

特 点：利用不同酒水间的浓度差异，调出色彩丰富的鸡尾酒。

二、鸡尾酒的品尝

鸡尾酒在品尝时，原则是不要影响杯温：

（1）有脚杯的握杯缘或杯底都可以；或优雅的以拇指和食指托住杯脚下方，其他手指自然托住。

（2）无脚酒杯则握住下方底部 1/3 的部分即可，接着就可以慢慢欣赏调酒师所要表现的精神。

思考与练习

品酒时，应该如何握杯？

鸡尾调制考核

项 目	要求及评分标准	分 值	扣 分	得 分
鸡尾酒的调制	严格按照规定配方调制鸡尾酒	15		
	下料程序正确	10		
	调酒器具保持干净、整齐	10		
	酒水使用完毕，旋紧瓶盖，复归原位	15		
	调制后的鸡尾酒层次分明，瑰丽可人	10		
	调酒操作姿态优美，手法干净卫生	10		
	物品落地、物品碰倒	10		
	倒洒酒	10		
	操作过程流畅	10		
总 分		100		

单元六

学会用搅和法和调和法调制
鸡尾酒

  在我国，人们对酒的爱好逐渐向浓度低和营养饮料方面转换。鸡尾酒的调制方法多样，搅和法是一种调制相对简单的方法，它常加以无酒精浓度的果汁等来调制，既有酒的香气，又饱含了水果的营养和风味；而调和法则是采用不同的调制方法，利用不同的搭配，加上调酒师自身的风格与设计，调制出不同口感、风格多样的鸡尾酒。

任务一　调制椰林飘香鸡尾酒

学习目标

- 认识搅和法，掌握它的特点，学会它的操作方法。
- 掌握椰林飘香鸡尾酒的调制配方，能够独立完成此款鸡尾酒的制作。

Pina Colada 在西班牙语中是"菠萝茂盛的山谷"的意思。此酒诞生于美国的迈阿密，在美国流行的末期传入日本。

一、鸡尾酒：椰林飘香（Pina Colada）

完成椰林飘香鸡尾酒的制作

名　称：椰林飘香。

材　料：白朗姆酒 30 mL、菠萝汁 80 mL、椰奶 45 mL、菠萝、樱桃。

方　法：搅和法。

工　具：波可杯、量酒器、调酒匙、搅拌机。

步　骤：

（1）将白朗姆酒、菠萝汁、椰奶倒入搅拌机中。

（2）当搅拌好的酒注入盛满碎冰块的波可杯中。

（3）用菠萝片和樱桃装饰杯口。

特　点：这款酒非常适合于女士饮用，酒色为凤梨黄，口感酸甜，带着一股淡淡的椰香。

二、搅和法（Blend）

用电动搅拌机来将酒水与冰块等各种材料进行搅拌混合调制鸡尾酒，调制成冰霜状，约10 s就可完成。

1．搅和法的特点

（1）选用搅和法调制的鸡尾酒，大多是含有水果、鸡蛋和鲜果汁的长饮。
（2）水果放入搅拌机之前，一定要将其切碎。
（3）最后加入碎冰。

2．具体操作

（1）在搅拌机中加入碎冰，及各种材料。
（2）盖好盖子，启动电源。
（3）当搅拌机内发出嗡嗡声而不再是搅拌机高速运转的声音时，可停止搅拌。
（4）若已调制完成，将鸡尾酒倒入酒杯中即可。

思考与练习

（1）什么是搅和法？
（2）搅和法有哪些特点？

任务二 调制干马提尼鸡尾酒

学习目标

• 掌握干马天尼鸡尾酒制作所需的配方及比例，根据所学过的调和法的操作，独立完成其制作。
• 认识干味美思，懂得它的制作工艺。
• 认识溜杯，且会使用溜杯。

一、鸡尾酒：干马提尼（Dry Martini）

完成干马提尼鸡尾酒的制作

名　称：干马提尼。
材　料：金酒 60 mL、干味美思 15 mL、橄榄。
方　法：调和法。
工　具：马提尼杯、调酒杯、量酒器、冰桶、冰夹、调酒匙、酒签。
步　骤：
（1）将冰块加入调酒杯。
（2）用量酒杯将干味美思注入调酒杯内。
（3）用量酒杯将金酒量入调酒杯内。

（4）用吧匙进行调和，搅拌约10次左右。

（5）将调好的鸡尾酒滤入鸡尾酒杯中。

（6）用橄榄放人杯内装饰。

特 点：这款鸡尾酒口味辛辣，酒度高，餐前饮品，有开胃提神之效，因此被誉为"鸡尾酒之王"，适合于男士。

二、调和法（Stir）

调制鸡尾酒时先放入适量的冰块于调酒杯里，稍后将辅助材料及基酒按顺序注入调酒杯中，最后右手持吧匙搅拌。具体操作方法如下：

中指和无名指夹住吧匙，食指和拇指捏住吧匙的上部，沿调酒杯内侧顺时针方向搅动约10次左右即可。调制完成后，左手握杯，右手拿吧匙挡住冰块，将调好的鸡尾酒滤入载杯。

三、干味美思（Vermouth）

以葡萄酒为基酒，用芳香植物等浸泡调制而成的加香葡萄酒。因为特殊的植物芳香而"味美"，酒精度一般在18度以上，同时是常见的开胃酒。开胃酒又称餐前酒，具有生津开胃增进食欲之功效，酒精度底，通常以葡萄酒或蒸馏酒作基酒，加入香料蒸馏而成，勿需发酵。

四、溜杯

调制鸡尾酒前，先将冰块放入即将盛酒的鸡尾酒杯内，通过旋转酒杯，使冰块在杯内转动，降低酒杯的温度，待调好鸡尾酒时，将冰块倒掉即可。

思考与练习

请简述调和法调制鸡尾酒的要点。

鸡尾酒调制考核

项 目	要求及评分标准	分 值	扣 分	得 分
鸡尾酒的调制	严格按照规定配方调制鸡尾酒	15		
	下料程序正确	10		
	调酒器具保持干净、整齐	10		
	酒水使用完毕，旋紧瓶盖，复归原位	15		
	调制后的鸡尾酒层次分明，瑰丽可人	10		
	调酒操作姿态优美，手法干净卫生	10		
	物品落地、物品碰倒	10		
	倒洒酒	10		
	操作过程流畅	10		
总 分		100		

单元七
中　国　酒

　　在我国，白酒文化可以说是一种社会文化、精神文化、人情文化。白酒品种繁多，它广泛地融入了人们的生活，饮用时既是物质形态层面的饮酒，也是精神层面的表达。

任务一　中国白酒

学习目标

- 认识白酒，掌握它的分类和特点。
- 学会区分中国白酒的各个代表，懂得它的制作工艺和特点。

中国白酒是中国特有的一种蒸馏酒，据说已有四千余年的历史，为世界七大蒸馏酒（白兰地、威士忌、伏特加、金酒、朗姆酒、龙舌兰酒、中国白酒）之一。以粮谷为主要原料，以大曲、小曲或麸曲及酒母等为糖化发酵剂，经蒸煮、糖化、发酵、蒸馏而制成蒸馏酒，又称烧酒、老白干、烧刀子等。

特点：酒质为无色透明，气味芳香纯正，入口绵甜爽净，酒体谐调，酒精含量较高，经贮存老熟后，具有以酯类为主体的复合香味。

一、白酒的分类

（1）按原材料分：高粱白酒、玉米白酒、薯干白酒等。

（2）按香型来分：酱香型、米香型、浓香型、清香型、凤香型及其他香型（复合香型、兼香型等）。

（3）按酒度来分：高度白酒、中度白酒（也称降度白酒）、低度白酒。

（4）按发酵剂分：大曲白酒、麸曲白酒、小曲白酒。

二、中国白酒代表

（一）茅台酒

茅台酒为世界三大名酒之一，与法国科涅克白兰地、苏格兰威士忌齐名，被尊为我国的"国酒"，距今已有800多年的历史。

材料：选用高粱为材料，小麦制"曲"，选用赤水河之水。

产地：产于贵州茅台镇，茅台镇具有极特殊的自然环境和气候条件：海拔低，远离高原气流，一年有大半时间笼罩在闷热、潮湿的雨雾之中。这些特殊的气候、水质、土壤条件，对于酒料的发酵、熟化非常有利，同时也对酒香成分的微生物的产生等起到了决定性的作用。

特点：是我国大曲酱香型酒的鼻祖，具有独特的"茅香"而香气扑鼻，因其独特的色、香、味被世人称颂。

特殊工艺：茅台酒的酒香的品质也和其"掐头去尾"的取酒工艺有关。在取酒时，先后取出酒的香、味都不一样，按先后顺序将其分为："酒头""酒尾"，其质量虽然不好，但能起到调味的作用。"特级"取香；"甲级"取甜；而"乙级"却又香又甜。最后分级贮存，并进行勾兑。

（二）五粮液

五粮液是中国高档白酒之一，在我国浓香型白酒中独树一帜，并以酒味全面而著名，距今已有 1200 年的历史。

材料：用小麦、大米、玉米、高粱、糯米 5 种粮食，选用岷江江心的江水，水质清洌优良，采用独特的"包包曲"发酵酿制而成。

产地：产于享有"名酒之乡"美称的四川省宜宾市，并于 1952 年正式成立宜宾五粮液酒厂。

特点：酒液清澈透明，酒香喷放，浓郁。具有"香气悠久、味醇厚、入口甘美、落喉净爽、各味谐调、恰到好处"的独特风格，在大曲酒中以酒味全面著称。

物殊工艺：糖化发酵，以纯小麦制曲，用特殊制曲法制成"包包曲"，酿造时，须用陈曲。发酵窖均是陈年老窖，有的窖为明代遗留下来的，有长达 300 多年的窖龄。发酵期在 70 天以上，并用老熟的陈泥封窖。在分层蒸馏、量窖摘酒、高温量水、低温入窖、滴窖降酸、回酒发酵、双轮底发酵、勾兑调味等一系列工序上，五粮液酒厂都有一套丰富而独到的经验，充分保证了五粮液的优异品质。

（三）泸州老窖

泸州老窖与西凤酒、汾酒、茅台并称中国四大名酒，距今已有 400 多年的历史。

材料：以糯米、高粱为主原料，采用小麦制曲，选用四川沱江江水与龙泉井水。

产地：产于四川泸州。

特点：其有长达 400 多年窖龄的老窖池，窖池中独特的微生物群让其具有独特的风味，让酒更加丰满醇厚，具有浓香、醇和、味甜、回味长的特点。

特殊工艺：沿用百年酿造工艺，采用混蒸，连续老窖发酵而成。泸州老窖中，其一大一小对称出现，而且非常有名的"鸳鸯窖"发酵也是泸州老窖的一大奥秘。

（四）汾酒

汾酒是我国清香型白酒的典型代表，有着 4000 年左右的悠久历史。杏花村汾酒不仅是中国第一文化名酒，也是名酒的始祖，是国之瑰宝、"最早国酒"。在国内外消费者中享有较高的知名度、美誉度和忠诚度。1915 年，汾酒在巴拿马万国博览会上荣获甲等金质大奖章，为国争光，成为中国酿酒行业的佼佼者。

材料：杏花村汾酒用的是晋中地区和吕梁地区特产、无污染的优质高粱——"一把抓"，选用甘露如醇的泉水，再加上杏花村汾酒人精心酿造而成。

产地：山西汾阳县杏花村。

特点：酒体清亮透明、气味芳香、入口绵、落口甜、回味生津、饭后余香、回味悠长，因色、香、味完善而著称于世。

特殊工艺：汾酒在酿造过程中要加入特殊的酒曲——大曲，这种酒曲是杏花村人千年酿酒工艺的结晶。1932 年，著名微生物和发酵专家方心芳先生到杏花村"义泉涌"酒家考察，把汾酒酿造的工艺归结为"七大秘诀"，即：人必得其精，水必得共甘，曲必得其时，高粱必得其真实，陶具必得其洁，缸必得其湿，火必得其缓。此独特的生产工艺就是"清蒸二次清"工艺。

（五）西凤酒

西凤酒古称"秦酒""柳林酒"。是我国最古老的历史文化名酒之一，它始于殷商，盛于唐宋，距今已有 3000 年历史，有苏轼咏酒等诸多典故，是独一无二的凤香型白酒。

材料：采用雍城特产高粱为主料，以高粱壳、稻壳为辅料，用大豆和豌豆制曲。

产地：西凤酒原产于陕西省凤翔、宝鸡、岐山、眉县一带，却以凤翔城西柳林镇所生产的酒为最佳，声誉最高。这里地域辽阔，土肥物阜，水质甘美，颇具得天独厚的兴农酿酒之地利，是中国著名的酒乡。

特点：西凤酒酒体无色清亮透明似水晶，醇香芬芳兰香，清而不淡，浓而不艳，集清香、浓香于一体，有"酸、酸而不涩；甜、饮后回甘；苦、苦而不黏；辣、辣不呛喉；香、味久而弥芳香；五味协调俱全"的独特风格。

特殊工艺：西凤酒采用当地传统工艺——续渣发酵法酿制而成，发酵时分明窖与暗窖两种。工艺流程分为立窖、破窖、顶窖、圆窖等工序，其自有一套操作方法。蒸馏得酒后，再经 3 年以上的贮存，然后进行精心勾兑方出厂。

（六）其他中国名酒

中国名酒很多，除以上几种以外还有四川绵竹的剑南春（金剑南、银剑南）、四川成都的全兴大曲、安徽亳县的古井贡酒、贵州遵义的董酒、江苏泗阳县的洋河大曲、山东的孔府家酒等。

📄 **思考与练习**

（1）请简述中国白酒主要酿造工艺。

（2）中国白酒的著名品牌有哪些？

任务二　中 国 黄 酒

✍ **学习目标**

• 认识黄酒，了解黄酒的制作工艺，掌握它的分类和特点。

• 学会服务黄酒。

约在三千多年前，商周时代，中国人独创酒曲复式发酵法，开始大量酿制黄酒。黄酒产地较广，品种很多，著名的有绍兴加饭酒、福建老酒、江西九江封缸酒、江苏丹阳封缸酒、无锡惠泉酒、广东珍珠红酒、山东即墨老酒等。

黄酒起源于中国，也唯有中国生产，是世界上最古老的酒类之一，并与啤酒、葡萄酒齐名，并称世界三大古酒。其中以浙江绍兴酒最富有中国特色，且为广大消费者所认可。

■ 一、黄酒生产工艺

材料：以大米、黍米为原料。

工艺：黄酒是用谷物作原料，用麦曲或小曲做糖化发酵剂制成的酿造酒。

特点：酒体颜色为棕黄色，酒度较低，为 14～20 度。黄酒中含有丰富的氨基酸，因此被人们称为"液体蛋糕"。

■ 二、黄酒的分类

（一）按原料和酒曲分类

（1）糯米黄酒：主要产地集中于南方地区。

（2）黍米黄酒：主要产地集中于北方地区。

（3）大米黄酒：主要产地集中于吉林及山东。

（4）红曲黄酒：主要产地集中于福建及浙江两地。

（二）按生产方法分类

（1）淋饭法黄酒：主要用于生产甜型黄酒生产。

（2）摊饭法黄酒：此法生产出来的黄酒质量较淋饭法生产的黄酒好。

（3）喂饭法黄酒：喂饭法是中国古老的酿造方法之一，早在东汉时期就已盛行。著名的绍兴加饭酒便是其典型代表。

（三）按味道或含糖量分类

（1）甜型酒：含糖量为 10% 以上。

（2）半甜型酒：含糖量为 5% ～ 10%。

（3）半干型酒：含糖量为 0.5% ～ 5%。

（4）干型酒：含糖量为 0.5% 以下。

三、黄酒的饮用与服务

酒具：饮用黄酒的器具以选用陶瓷杯为好。

（一）温饮

温饮是黄酒最传统的饮法，这也是因为黄酒的最佳品评温度为 38℃ 左右。在冬天盛行温饮，温饮时酒香更为浓郁，酒味更加柔和、甘爽醇厚，同时，温饮黄酒也有利于身体健康。温酒时，温酒的方法：①将盛酒器放入热水中烫热；②隔火加温进行加热。加热酒时黄酒加热时间不宜过久，否则酒精易于挥发，使酒淡无味。

（二）冰镇

受洋酒饮用方法的影响，现在越来越多的年轻人选择冰饮黄酒的喝法，即黄酒加冰后饮用。

思考与练习

请简述中国黄酒生产酿造工艺。

中国黄酒按味道或含糖量可分为哪几类？

中国黄酒饮用与服务有哪些要点？

任务三　海南山兰米酒

学习目标

• 认识海南山兰米酒，了解它的制作工艺，掌握它的特点和作用。

• 懂得海南山兰米酒的饮用方法。

据说北宋绍圣四年（公元 1097 年），大文学家苏轼被贬到昌化军（今儋州市）。当时的海南"都县稀疏"，乡野多"风涛瘴疠"。苏轼路途劳累，备感失落，又时遭疾病侵袭，处境凄凉。然而，纯朴善良的黎族人却待苏轼如贵客，常请他喝"黎法"制成的酒。苏轼饮用之后，感觉很好，也让他思绪万千，欣然命笔：寂寂东坡一病翁，白须萧散满霜风。小儿误喜朱颜在，一笑那知是酒红。苏轼后来常和黎族朋友们饮酒长谈，并逐渐了解黎族人民的乡风民俗，与他们感情相通。苏轼的一些佳句都与黎族酒有关。苏轼对黎酒推崇备至，并把这种独特的酿酒工艺称为"真一酒法"。苏轼所饮的酒乃今日黎族同胞所称的"山兰米酒"。

一、山兰米酒

海南山兰米酒，也被黎家人称为"biang"酒或酒"biang"，因其特殊的黎族文化内涵、富有地域特色的山兰米及制作工艺，让山兰米酒不仅富有营养还享有"海南茅台""山兰玉液""琼浆玉液"等诸多美称。

材料：山兰米。

山兰米是黎家独有的一种旱生旱糯稻谷，种植时不施任何化肥，是正宗的"绿色食品"，具有独特的米脂芳香。

产地：海南的五指山、陵水、保亭等黎族人聚居较多的地方。

特点：酒色呈米白色、口感甜而微辣、醇正、味道香甜、浓而不烈、有独特的米香。若久置于封闭的容器内，酒体会因为糖的作用继续发酵，开坛时如开香槟一样发出响声或有气体冒出。

特殊作用：消食去滞、愈伤生肌、去湿防病、驻颜长寿、补气养颜滋阴，妇女坐月子时被视为极佳的滋补营养品。

二、制作工艺

（一）黎乡人传统的酿造工艺

（1）将山兰米蒸熟揉散成粒，再用黎山特定植物和成的"球饼"碾至粉状掺入其中，装坛封好，埋到芭蕉树下自然成酒。

（2）将蒸熟的山兰米和碾碎的"球饼"混合放置在垫满芭蕉叶的锥形竹筐中，三天后，朝下的竹筐尖部开始往陶罐里滴出浆水，这就是山兰纯液，呈乳白色。山兰米酒根据存放的时间长短味道而不同，刚酿好的酒是甜的，时间久了甜味慢慢消失，酒香味越来越浓，埋入地下一年后酒呈黄褐色，数载则显红色甚至黑色。

古法制作山兰米酒中所用的酒曲是酿酒过程中的精华，酒曲是采用天然的扁叶刺、山橘叶、南椰树心等树叶为材料制成的。

（二）现代工艺制作

现代工艺：蒸煮山兰糯米—拌酒曲—保存—发酵。

三、海南山兰米酒的饮用

（1）对于黎族人来说山兰米酒就像香槟一样，只有在贵客来或重大节庆才与大家痛饮。此时，不但酒好喝，黎族其独特的饮酒方式也让人难忘。黎族人饮酒不用酒杯，酿好的酒储藏在陶坛中，饮时"以竹筒吸之"，竹筒较细，插入酒酿的下端用竹片编成五个部分，以防吸进酵母堵住管子。饮酒时，"席间置 biang 一埕，插小竹管两支"，两旁宾客轮流吸饮，颇有兰亭"曲水流觞"之韵致。每年黎族的"三月三"，此情此景便会在海南黎乡可见。

（2）现代人多用于直接饮用，酒度较低，但后劲较强。

（3）连带酒糟一起煮蛋，具有很好的滋补效用。

思考与练习

（1）请简述海南山兰米酒特点与作用。

（2）简述黎族人酿造海南山兰米酒的传统工艺。

参 考 文 献

[1] 王文君. 酒水知识与酒吧经营管理 [M]. 北京：中国旅游出版社，2004.

[2] 贺正柏. 菜点酒水知识 [M]. 北京：旅游教育出版社，2007.

[3] 聂明林，杨啸涛. 饭店酒水知识与酒吧管理 [M]. 重庆：重庆大学出版社，1998.

[4] 李丽. 西餐与调酒操作实务 [M]. 北京：清华大学出版社，2006.

[5] 吴莹. 时尚鸡尾酒 [M]. 成都：成都时代出版社，2009.

[6] 徐明. 茶与茶文化 [M]. 北京：中国物资出版社，2009.